ADOBE FLASH PROFESSIONAL CC
标准培训教材

ACAA教育发展计划ADOBE标准培训教材

主编 ACAA专家委员会 DDC 传媒
编著 余贵滨

人民邮电出版社
北京

图书在版编目（CIP）数据

ADOBE FLASH PROFESSIONAL CC标准培训教材 / ACAA
专家委员会，DDC传媒主编；余贵滨编著. -- 北京：人
民邮电出版社，2014.4
ISBN 978-7-115-34456-4

Ⅰ. ①A… Ⅱ. ①A… ②D… ③余… Ⅲ. ①动画制作
软件－技术培训－教材 Ⅳ. ①TP391.41

中国版本图书馆CIP数据核字(2014)第037511号

内 容 提 要

为了让读者系统、快速地掌握Flash CC软件，本书全面细致地介绍了Flash CC的各项功能，重点介绍了
Flash动画的原理及实现过程，还讲解了文本编辑、处理图形对象、元件和实例、补间动画、滤镜和混合模
式、声音与视频、使用代码片断添加交互、发布影片，以及ActionScript 3.0 基础知识等内容。

本书由行业资深人士、Adobe专家委员会成员以及参与Adobe中国数字艺术教育发展计划命题的专业人
员编写，对参加Adobe中国认证专家（ACPE）和Adobe中国认证设计师（ACCD）考试具有指导意义，同时
也可以作为高等学校美术专业计算机辅助设计课程的教材。

- ◆ 主　　编　ACAA 专家委员会　DDC 传媒
　　　编　　著　余贵滨
　　　责任编辑　赵　轩
　　　责任印制　程彦红　焦志炜
- ◆ 人民邮电出版社出版发行　　北京市丰台区成寿寺路 11 号
　　邮编　100164　　电子邮件　315@ptpress.com.cn
　　网址　http://www.ptpress.com.cn
　　三河市潮河印业有限公司印刷
- ◆ 开本：800×1000　1/16
　　印张：19.75
　　字数：464 千字　　　　　　　　2014 年 4 月第 1 版
　　印数：1 - 4 000 册　　　　　　2014 年 4 月河北第 1 次印刷

定价：39.00 元

读者服务热线：(010)81055410　印装质量热线：(010)81055316
反盗版热线：(010)81055315
广告经营许可证：京崇工商广字第 0021 号

前　言

秋天，藕菱飘香，稻菽低垂。往往与收获和喜悦联系在一起。

秋天，天高云淡，望断南飞雁。往往与爽朗和未来的展望联系在一起。

秋天，还是一个登高望远、鹰击长空的季节。

心绪从大自然的悠然清爽转回到现实中，在现代科技造就的世界不断同质化的趋势中，创意已经成为 21 世纪最为价值连城的商品。谈到创意，不能不提到国际创意技术的先行者——Apple 和 Adobe，以及三维动画和工业设计的巨擎——Autodesk。

1993 年 8 月，Apple 带来了令国人惊讶的 Macintosh 电脑和 Adobe Photoshop 等优秀设计出版软件，带给人们几分秋天高爽清新的气息和斑斓的色彩。在铅与火、光与电的革命之后，一场彩色桌面出版和平面设计革命在中国悄然兴起。抑或可以冒昧地把那时标记为以现代数字技术为代表的中国创意文化产业发展版图上的一个重要的原点。

1998 年 5 月 4 日，Adobe 在中国设立了代表处。多年来在 Adobe 北京代表处的默默耕耘下，Adobe 在中国的用户群不断成长，Adobe 的品牌影响逐渐深入到每一个设计师的心田，它在中国幸运地拥有了一片沃土。

我们有幸在那样的启蒙年代融入到中国创意设计和职业培训的涓涓细流中……

1996 年金秋，万华创力 / 奥华创新教育团队从北京一个叫朗秋园的地方一路走来，从秋到春，从冬到夏，弹指间见证了中国创意设计和职业教育的蓬勃发展与盎然生机。

伴随着图形、色彩、像素……我们把一代一代最新的图形图像技术和产品通过职业培训和教材的形式不断介绍到国内，从 1995 年国内第一本自主编著出版的《Adobe Illustrator 5.5 实用指南》，第一套包括 Mac OS 操作系统、Photoshop 图像处理、Illustrator 图形处理、PageMaker 桌面出版和扫描与色彩管理的全系列的"苹果电脑设计经典"教材，到目前主流的"Adobe 标准培训教材"系列、"Adobe 认证考试指南"系列等。

十几年来，我们从稚嫩到成熟，从学习到创新，编辑出版了上百种专业数字艺术设计类教材，影响了整整一代学生和设计师的学习和职业生活。

千禧年元月，一个值得纪念的日子，我们作为唯一一家"Adobe 中国授权考试管理中心（ACECMC）"与 Adobe 公司正式签署战略合作协议，共同参与策划了"Adobe 中国教育认证计划"。那时，中国的职业培训市场刚刚起步，方兴未艾。从此，创意产业相关的教育培训与认证成为我们 21 世纪发展的主旋律。

2001 年 7 月，万华创力 / 奥华创新旗下的 DDC 传媒——一个设计师入行和设计师交流的网络社区诞生了。它是一个以网络互动为核心的综合创意交流平台，涵盖了平面设计交流、CG 创作互动、主题设计赛事等众多领域，当时还主要承担了 Adobe 中国教育认证计划和中国商业插画师（ACAA 中国数字艺术教育联盟计划的前身）培训认证在国内的推广工作，以及 Adobe 中国教育认证计划教材的策划及编写工作。

2001 年 11 月，第一套"Adobe 中国教育认证计划标准培训教材"（即本教材系列）首次亮相面世，成为市场上最为成功的数字艺术教材系列之一，也标志着我们从此与人民邮电出版社在数字艺术专业教材方向上建立了战略合作关系。在教育计划和图书市场的双重推动下，Adobe 标准培训教材长盛不衰。尤其是近几年，教育计划相关的创新教材产品不断涌现，无论是数量还是品质上都更上一层楼。

2005 年，我们联合 Adobe 等国际权威数字工具厂商，与中央美院等中国顶尖美术艺术院校创立了"ACAA 中国数字艺术教育联盟"，旨在共同探索中国数字艺术教育改革发展的道路和方向，共同推动中国数字艺术产业的发展和应用水平的提高。是年秋，ACAA 教育框架下的第一个数字艺术设计职业教育项目在中央美术学院城市设计学院诞生。首届 ACAA-CAFA 数字艺术设计进修班的 37 名来自全国各地的学生成为第一批"吃螃蟹"的人。从学院放眼望去，远处规模宏大的北京新国际展览中心正在破土动工，躁动和希望漫步在田野上。数百名 ACAA 进修生毕业，迈进职业设计师的人生道路。

2005 年 4 月，Adobe 公司斥资 34 亿美元收购 Macromedia 公司，一举改变了世界数字创意技术市场的格局，使得网络设计和动态媒体设计领域最主流的产品 Dreamweaver 和 Flash 成为 Adobe 市场战略规划中的重要的棋子，进一步奠定了 Adobe 的市场统治地位。次年，Adobe 与前 Macromedia 在中国的教育培训和认证体系顺利地完成了重组和整合。前 Macromedia 主流产品的加入，使我们可以提供更加全面、完整的数字艺术专业培养和认证方案，为职业技术院校提供更好的支持和服务。全新的 Adobe 中国教育认证计划更加具有活力。

2008 年 11 月，万华创力公司正式成为 Autodesk 公司的中国授权培训管理中心，承担起 ATC (Autodesk Authorized Training Center) 项目在中国推广和发展的重任。ACAA 教育职业培训认证方向成功地从平面、网络创意，发展到三维影视动画、三维建筑、工业设计等广阔天地。

从 1995 年开始，以史蒂夫·乔布斯为领导的皮克斯动画工作室 (Pixar Animation Studios) 制作出世界上第一部全电脑制作的 3D 动画片《玩具总动员》并以 1.92 亿美元票房刷新动画电影纪录。自此，3D 动画风起云涌，短短十余年迅速取代传统的二维动画制作方式和流程。更有 2009 年詹姆斯·卡梅隆 3D 立体电影《阿凡达》制作完成，这使得 3D 技术产生历史性的突破。卡梅隆预言的 2009 年为"3D 电影元年"已然成真——3D 立体电影开始大行其道。

无论是传媒娱乐领域所推崇的三维动画和影视特效技术、建筑设计领域所热衷的建筑信息模型（BIM）技术，还是工业制造业所瞩目的数字样机解决方案，三维和仿真技术正走向成熟并成为重要的行业标准。Autodesk 在中国掀起又一轮数字技术热潮。

ACAA 正是在这样的时代浪潮下，把握教育发展脉搏、紧跟行业发展形势，与 Autodesk 联手，并肩飞跃。

2009 年 11 月，Autodesk 与中华人民共和国教育部签署《支持中国工程技术教育创新的合作备忘录》，进一步提升中国工程技术领域教学和师资水平，免费为中国数千所院校提供 Autodesk 最新软件、最新解决方案和培训。在未来 10 年中，中国将有 3000 万的学生与全球的专业人士一样使用最先进的 Autodesk 正版设计软件，促进新一代设计创新人才成长，推动中国设计和创新领域的快速发展。

2010 年秋，ACAA 教育向核心职业教育合作伙伴全面开放 ACAA 综合网络教学服务平台，全方位地支持老师和教学机构开展 Adobe、Autodesk、Corel 等创意软件工具的教学工作，服务于广大学生更好地学习和掌握这些主流的创意设计工具，包括网络教学课件、专家专题讲座、在线答疑、案例解析和素材下载等。

2012 年 4 月，为完成文化部关于印发《文化部"十二五"时期文化产业倍增计划》的通知中文化创意产业人才培养和艺术职业教育的重要课题，中国艺术职业教育学会与 ACAA 中国数字艺术教育联盟签署合作备忘，启动了《数字艺术创意产业人才专业培训与评测计划》，并在北京举行签约仪式和媒体发布会。ACAA 教育强化了与创意产业的充分结合。

2012 年 8 月和 10 月，ACAA 作为 Autodesk ATC 中国授权管理中心，分别与中国职业技术教育学会和中国建筑教育协会签署合作协议，深化职业院校的职业教育合作，并为合作院校的专业软件教学提供更多支持与服务。ACAA 教育强化了与职业教育的充分结合。

2013 年，ACAA 全面升级"中国高校（含职业院校）数字化教育改革和创新教学发展计划"，提出了以"行业标准教学"和"国际标准考试"合而为一的"教考一体化"支持方案和"国际认证考试项目"合作方案。该方案向院校提供从教学到考试的全方位支持工作。

今天，ACAA 教育脚踏实地、继往开来，积跬步以至千里，不断实践与顶尖国际厂商、优秀教育机构、专业行业组织的强强联合，为中国创意职业教育行业提供更为卓越的教育认证服务平台。

ACAA 中国教育发展计划

ACAA 数字艺术教育发展计划面向国内职业教育和行业培训领域，以国际数字技术标准与国内行业实际需求相结合的核心教育理念，以"双师型"的职业设计师和技术专家为主流教师团队，为职业教育市场提供业界领先的 ACAA 数字艺术教育解决方案，提供以富媒体网络技术实现的先进的网络课程资源、教学管理平台以及满足各阶段教学需求的完善而丰富的系列教材。ACAA 数字艺术教育是一个覆盖整个创意文化产业核心需求的职业设计师入行教育和人才培养计划。

ACAA 数字艺术教育发展计划秉承数字技术与艺术设计相结合、国际厂商与国内院校相结合、学院教育与职业实践相结合的教育理念，倡导具有创造性设计思维的教育主张与潜心务实的职业主张。跟踪世界先进的设计理念和数字技术，引入国际、国内优质的教育资源，构建一个技能教育与素质教育相结合、学历教育与职业培训相结合、院校教育与终身教育相结合的开放式职业教育服务平台。为广大学子营造一个轻松学习、自由沟通和严谨治学的现代职业教育环境。为社会打造具有创造性思维的、专业实用的复合型设计人才。

ACAA 中国高校（含职业教育）数字化教育改革和创新教学发展计划介绍：

为实现教育部"十二五"职业教育若干意见与 ACAA 创新教学支持计划的结合，促进院校专业软件课程和设计类课程内容的行业化接轨和与国际化升级，加快中国高校特别是职业教育的数字化教学改革步伐，支持院校创新教学进一步开展，ACAA 教育创立该支持计划，为院校提供"教考一体化"等一揽子支持方案，提供国际厂商资源和行业教学支持以及权威考试平台的考试定制服务，梳理学生知识结构，客观表现学生真实水平，促进学生迅速胜任工作岗位。

ACAA"教考一体化"教育服务与支持的内容包括：

· 教学大纲 & 考试大纲 & 教学讲义

· 标准教材 & 远程课程 & 教辅资料

· 在线考试平台使用 & 专业考试定制 & 结业考核方案

· 职业资格认证

· 教师培训 & 专业研讨 & 学术交流

院校与 ACAA 建立合作关系即可开展上述工作，教育部备案的正规院校、民办院校云游资格加入 ACAA 教育计划。

【申请流程】申请机构提交申请 → ACAA 审核通过 → 签署合作协议 → 办法授权牌建立授权关系

职业认证体系

ACAA 职业技能认证项目基于国际主流数字创意设计平台，强调专业艺术设计能力培养与数字工具技能培养并重，专业认证与专业教学紧密相联，为院校和学生提供完整的数字技能和设计水平评测基准。

专业方向（高级行业认证）	ACAA 中国数字艺术设计师认证
视觉传达 / 平面设计专业方向	平面设计师
	电子出版师
动态媒体 / 网页设计专业方向	网页设计师
	动漫设计师
三维动画 / 影视后期专业方向	视频编辑师
	三维动画师
动漫设计 / 商业插画专业方向	动漫设计师
	商业插画师
	原画设计师
室内设计 / 商业展示专业方向	室内设计师
	商业展示设计师

与单纯的软件技术考试相比，ACAA 认证已经具有了更多的优势 —— 单纯的软件操作能力早已不是就业法宝，只有专业技能和创作能力达到高度统一，才能胜任相关岗位。ACAA 设计师资格认证，标志着您不但娴熟掌握了数字工具技能，并也标志这您已具备实现艺术创作和完成工作任务的能力。

目前，一些创意企业已经开始根据 ACAA 设计师考试标准对招聘和在岗人员进行考核。因此，达到 ACAA 标准将会增加您迅速入职和职位提升的机会。

标准培训教材系列

ACAA 教育是国内最早从事数字艺术专业软件教材和图书撰写、编辑、出版的公司之一，在过去十几年的 Adobe/Autodesk 等数字创意软件标准培训教材编著出版工作中，始终坚持以严谨务实的态度开发高水平、高品质的专业培训教材。已出版了包括标准培训教材、认证考试指南、案例风暴和课堂系列在内的众多教学丛书，成为 Adobe 中国教育认证计划、Autodesk ATC 授权培训中心项目及 ACAA 教育发展计划的重要组成部分，为全国各地职业教育和培训的开展提供了强大的支持，深受合作院校师生的欢迎。

"ACAA Adobe 标准培训教材"系列适用于各个层次的学生和设计师学习需求，是掌握 Adobe 相关软件技术最标准规范、实用可靠的教材。"标准培训教材"系列迄今已历经多次重大版本升级，例如 Photoshop6.0C、7.0C 到 Photoshop CS1 ～ CS6 再到 CC 等版本。多年来的精雕细琢，使教材内容越发成熟完善。系列教材包括（但不限于）：

— 《ADOBE PHOTOSHOP CC 标准培训教材》

— 《ADOBE ILLUSTRATOR CC 标准培训教材》

— 《ADOBE INDESIGN CC 标准培训教材》

— 《ADOBE AFTER EFFECTS CC 标准培训教材》

— 《ADOBE PREMIERE PRO CC 标准培训教材》

— 《ADOBE DREAMWEAVER CC 标准培训教材》

— 《ADOBE FLASH PROFESSIONAL CC 标准培训教材》

关于我们

ACAA 教育是国内最早从事职业培训和国际厂商认证项目的机构之一，致力于职业培训认证事业发展已有十六年以上的历史。并已经与国内超过 300 多家教育院校和培训机构，以及多家国家行业学会或协会建立了教育认证合作关系。

ACAA 教育旨在成为国际厂商和国内院校之间的桥梁和纽带，不断引进和整合国际最先进的技术产品和培训认证项目，服务于国内教育院校和培训机构。

ACAA 教育主张国际厂商与国内院校相结合、创新技术与学科教育相结合、职业认证与学历教育相结合、远程教育与面授教学相结合的核心教育理念；不断实践开放教育、终身教育的职业教育终极目标，推动中国职业教育与培训事业蓬勃发展。

ACAA 中国创新教育发展计划涵盖了以国际尖端技术为核心的职业教育专业解决方案、国际厂商与顶尖院校的测评与认证体系，并构建完善的 ACAA eLearning 远程教育资源及网络实训与就业服务平台。

北京万华创力数码科技开发有限公司

北京奥华创新信息咨询服务有限公司

地址：北京市朝阳区东四环北路 6 号 2 区 1-3-601

邮编：100016

电话：010-51303090-93

网站：http://www.acaa.cn, http//www.ddc.com.cn

（2014 年 3 月 3 日修订）

目　　录

15　ActionScript 3.0 基础知识

Flash CC 简介 1

学习要点

- 了解 Flash 的发展过程
- 了解 Flash 软件的特点
- 了解 Flash 的应用范围
- 掌握 Flash CC 的新增功能

1.1 Flash 的产生与发展

Flash 是一款有着传奇般历史背景的软件。1996 年，乔纳森·盖伊 6 人的小公司 FutureWave Software 开发了一款名为 FutureSplash Animator 的小软件，这就是 Flash 的前身。同年 11 月，著名的多媒体软件公司 Macromedia 公司收购了 FutureWave，并把 FutureSplash Animator 更名为 Flash。通过 Macromedia 公司对 Flash 的大量改进和大力推广，Flash 得到了迅速发展。Flash 已经成为一个跨平台的多媒体标准。

2005 年，处于电脑图形图像领域领导地位的 Adobe 公司以 34 亿美元收购了 Macromedia 公司，两家公司的结合，给 Flash 带来了更为广阔的的发展前景。Adobe 对 Flash 进行了全面的改进和革新。经过多年发展，Flash 已经进行了全新升级，颠覆了原有动画的编辑方式，简化了动画创作的操作步骤；为艺术家提供了创意的绘图工具、骨骼工具、文字处理引擎和 3D 工具；为程序设计人员提供了优秀的面向对象编程语言 ActionScript 3.0，使创建丰富的交互内容变得轻而易举。Flash 已经成为集动画创作与应用程序开发于一身的创作平台。

在多个领域中，Flash 被广泛应用，Flash 片头、Flash 广告、Flash 导航、Flash 游戏、Flash 网络应用程序以及 Flash 手机应用程序，已经成为目前商业应用不可缺少的解决方案。

那么 Flash 的特点在哪里？为什么能被广泛应用？

在以往互联网带宽有限的情况下，文字和图像的表现力不够丰富，如果采用传统的视频或动画等效果，由于文件量很大，传输速度跟不上，造成用户体验不佳。Flash 采用矢量动画的概念，大大缩小了文件容量。采用流式播放的技术，动画内容可以边下载边播放，使得丰富的动画在网络上也能相对流畅地运行。正是由于满足了众多互联网浏览者的需要，Flash格式才得以广泛运用。

　　Flash软件本身强大的功能和人性化的创作方式也是它受欢迎的原因之一。在Flash软件出现以前，除了专业的二维动画软件，几乎找不到一款适用于个人的二维动画创作软件，而Flash填补了这个空白。它借鉴了Director的时间轴和图层的概念，使得动画的创作非常容易理解，垂直方向上是图层的叠加，水平方向上是时间的运动，而且强大补间动画，只需要设置好元素的起始状态和结束状态，中间的动画过程由Flash自动实现。

　　Flash的编程语言ActionScript 3.0，其高效的执行效率和强大的交互能力，使Flash如虎添翼。Flash对移动设备的开发支持及HTML5内容创建的支持，使得任何熟练掌握Flash软件的用户都可轻松地创建适合手机浏览及交互的内容。

　　只要经过短时间的学习，无论是初学Flash的新人，还是设计领域的高手，都可以轻松地用Flash做出漂亮的动画来。当然，具备良好绘画能力或编程能力的用户更可以发挥想象力，随心所欲地制作专业的动画，实现自己的创意。

　　多方面的优势，包括更多未写于此的优点，决定了Flash在各个领域被广泛应用的地位。

1.2　Flash 的应用领域

　　最初，由于Flash开发工具使用门槛较低，它满足了众多非专业人员制作动画的需求与好奇心。但是随着Flash动画的流行，创作队伍不断扩大，同时Flash软件本身功能也逐渐增强，它的应用领域不断扩展。Flash已经广泛应用于互联网、多媒体出版、电视媒体、手机应用和教学课件等多种平台，成为了跨平台多媒体应用开发的一个重要分支。它目前主要的应用领域如下所述。

1.2.1　网站片头和网站广告

　　在早期的网站中只有一些静态的图像和文字，页面有些呆板。Flash不但动画效果非常好，而且还可以加载声音和视频。相对于传统的图片和GIF动画，Flash可以创造出更具冲击力的表现效果。Flash技术已经成为了动画多媒体的既定标准，在互联网中得到了广泛的应用与推广。

　　不少网站以Flash片头作为过渡页面，在片头中播放一段简短精美的动画，就如电视的栏目片头一样。它可以在很短的时间内把自己的重要信息传播给访问者，同时，对自己的企业形象或主打产品给予生动的介绍，这样可以给浏览者留下良好的第一印象。图1-2-1所示是丰田汽车新产品网站的片头广告，既营造出了产品优良的品质，又起到了产品说明的作用。

图 1-2-1　丰田汽车新产品 Flash 广告截图

1.2.2　Flash 导航和整站 Flash

　　Flash 不仅有极富冲击力的表现效果，还有强大的交互功能，所以许多网站的导航部分采用 Flash 制作，给用户带来不同的体验。下面是电影《蓝精灵 2》的宣传网站，网站通过键盘方向键来控制蓝精灵左右跑动，以此进行导航，走到一个场景即可点击相应的内容，极具创意，如图 1-2-2 所示。

图 1-2-2　电影《蓝精灵 2》网站可交互导航

　　甚至还有一些网站的整个网页都采用 Flash 技术搭建，给用户更好的体验效果。这种情况一般多出现于时尚产品网站、主题活动网站等。

1.2.3 Flash MV 和二维动画

Flash 的出现给人们带来创作激情，尤其是用 Flash 对一些歌曲进行动画创作（Music Video，MV），让每个人都可以对自己喜欢的音乐给予自己的诠释，抒发自己的心情。在网上，几乎可以找到各种流行歌曲的 MV 版，可见 Flash MV 的深入人心。此外，一些唱片公司开始推出使用 Flash 技术制作 MTV，这样，使用 Flash 制作 MTV 逐渐商业化了。

除了 MTV，更多专业的作者开始进行二维动画的创作，自己编写剧情，自己做动画，甚至自己来配音配乐，使用 Flash 这样一款简单的软件，达到的效果能和迪斯尼大片媲美。目前国内已经出现了许多专业的 Flash 动画工作室，开始制作 Flash 长片和 Flash 连续剧，如图 1-2-3 所示。

图 1-2-3 动画片《喜羊羊和灰太狼》

1.2.4 电子贺卡

以往逢年过节，大家都会通过去邮局邮寄贺卡为亲朋好友祝福。到了信息时代，通过 E-mail 来表示祝福，速度更快捷。但是文字信息毕竟看起来太单调了，因此电子贺卡就成了许多人喜爱的方式。你只需要写上祝福的话语，背景动画由专业贺卡站采用 Flash 制作完成，许多电子贺卡还支持录音功能，这样你的朋友就可以收到一个声情并茂的电子贺卡了，如图 1-2-4 所示。

图 1-2-4   Flash 贺卡

1.2.5   网络游戏

经过多年的发展，Flash 已经具备强大的交互功能，利用 Flash 可以快速开发出精彩的小游戏、大型的网页联机游戏已经充斥整个网络，如图 1-2-5 所示。

图 1-2-5   流行的小游戏《植物大战僵尸》

1.2.6　多媒体制作

Flash 已经从单纯的网页动画制作软件发展为多行业的应用软件。特别是在多媒体应用领域，由于 Flash 软件的易用性、制作周期短、改动方便灵活，大大降低了开发成本，受到很多企业的青睐。Flash 可以导入多种格式的音频、视频以及图形、图像文件，配合内置的 ActionScript 脚本语言，可创作出丰富的人机交互内容，经常用于制作企业的电子产品画册、电视广告等，如图 1-2-6 所示。

图 1-2-6　佳能相机产品展示 Flash

1.2.7　教学课件

使用 Flash 制作的教学课件能够很直观地传达教学内容，并具有强大的交互性和喜闻乐见的形式，能提高学生的学习兴趣。越来越多的学校已经把 Flash 教学课件应用到教学中了。Flash 操作界面简单，功能强大，容易发布到网络上，不需要再借助其他软件完成制作，因此受到老师们的青睐，如图 1-2-7 所示。

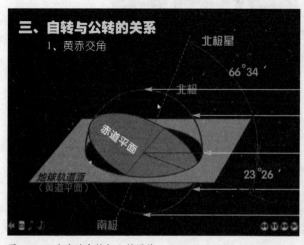

图 1-2-7　地球的自转与公转课件

1.3 Flash CC 的新增功能

Adobe 对 Flash Professional CC 进行了一次全面的更新，从里到外多方面做了改进。采用模块化 64 位架构，使用户界面更加流畅，并新增了强大的功能。它还是一个 Cocoa 应用程序，在 Mac OS X 上有更好的兼容性。这种全方位的重构在性能、可靠性以及可用性方面都有巨大的改善。下面我们一起来看看都有哪些新变化。

1.3.1 性能改进

采用模块化 64 位架构重构 Flash，这是最关键的性能改进之一。简化复杂工作流程，修正关键错误，极大地提高了 Flash 在各运行平台上的性能。

- 应用程序启动时间比以前快 10 倍。
- 加快了发布速度。
- 保存大型动画文件的时间快了7 倍。
- 提高了时间轴拖曳速度。
- 提高了导入素材的速度和打开文件的速度。
- 降低了 CPU 占用率。

1.3.2 支持 HiDPI 分辨率

HiDPI 即高分辨率显示，新的 Mac Book Pro 的 Retina 显示屏就是 HiDPI 分辨率。HiDPI 显示屏可以显著提升图像逼真度和分辨率。Flash CC 增强显示效果，从用户界面、图标、字体、舞台上绘图都做了改进。默认情况下，Flash CC 在 Mac 上启用 HiDPI 显示屏。不过，可以在 Mac 上关闭 Retina 显示屏，Flash CC 显示效果随之更改。

1.3.3 重新设计部分户界面

重新设计并简化了键盘快捷面板；增加了"搜索"工具，可快速查找相应的快捷命令；增加的"复制到剪贴版"功能，可以把整个"键盘快捷"列表复制到剪贴板，将其复制到文本编辑器中可以快速参考；快捷键设置相冲突时会显示一条警告信息，以便排除快捷键冲突；可以保存自定义快捷键做为预设，如图 1-3-1 所示。

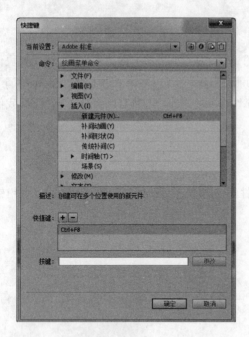

Flash CS6　　　　　　　　　　　　　　Flash CC

图 1-3-1　Flash CS6 与 Flash CC 键盘快捷面板对比

简化首选参数面板，删除几项很少使用的选项，增加了可与 Creative Cloud 同步首选参数时的工作流程设置，如图 1-3-2 所示。

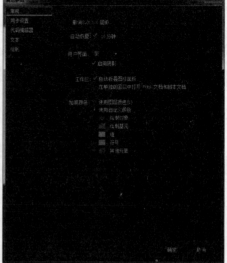

Flash CS6　　　　　　　　　　　　　　Flash CC

图 1-3-2　Flash CS6 与 Flash CC 首选参数面板对比

增强了 ActionScript 编辑器的功能，注释功能更加智能化；升级了"查找 / 替换"对话框，可设置搜索范围，限制在帧中或跨文件搜索，并且对代码和其他文本分别使用各自的搜索选项。

1.3.4　改进设计人员的工作流程，提高效率

Flash CC 改进了设计人员和动画制作人员的工作流程效率。元件的绘制和操作、时间轴的操作、图层编辑、舞台及内容的缩放等都提供了更高效的功能，并且提供了深色和浅色两种用户界面主题，使用户能更专注于舞台而不是各种工具和菜单。

(1) 将元件和位图分布到关键帧。

"分布到关键帧"选项允许用户将图层上的多个对象分布到各个不同的关键帧。通过将多个元件或位图分布到关键帧，可以快速创建逐帧动画。

(2) 交换多个元件和位图。

在舞台上有大量对象需要批量替换时，使用"交换元件"和"交换位图"可快速完成操作，替换完之后，Flash CC 会保留原有元件的属性信息。

(3) 设置多个图层为引导图层或遮罩图层。

(4) 批量设置图层属性，比如批量修改图层类型或轮廓颜色。

(5) 对时间轴范围标记的改进，可以按比例扩展或收缩时间轴范围。

(6) 全屏模式，按 F11 键切换到全屏模式将隐藏面板和菜单项，为舞台分配更多的屏幕空间。

(7) 定位到舞台中心，在较大的工作区上工作时，不管滚动到舞台的任何角落，都可通过状态栏上的"舞台居中"按钮■快速回到舞台中心。

(8) 简化的 PSD 和 AI 文件导入流程，提高效率。

(9) 绘图工具的颜色实时预览。

(10) 缩放到锚点，在缩放舞台大小时将 Flash 资源固定到舞台上预定义的锚点处。

(11) 深色用户界面，Flash CC 的用户界面有"深色"或"浅色"两种主题。

1.3.5　其他功能更新

(1) 导出视频。

Flash CC 改进了视频导出的流程，只导出 QuickTime（MOV）文件。Flash CC 已经完全集成了 Adobe Media Encoder，可以利用该 Adobe Media Encoder 将 MOV 文件转换为各种其他格式，如图 1-3-3 所示。

图 1-3-3

（2）使用 Toolkit for CreateJS 1.2。

Toolkit for CreateJS 是一个开源的 JavaScript 库，设计人员和动画制作人员可以利用它将 Flash 内容转化成 HTML5 内容。单击一下鼠标，Toolkit for CreateJS 便可将内容导出为可以在浏览器中预览的 JavaScript。它支持 Flash 的大多数核心动画和插图功能，包括矢量、位图、补间、声音、按钮和 JavaScript 时间轴脚本。在 Flash CS6 中，Toolkit for CreateJS 只是 Flash 的一个扩展程序，现在在 Flash CC 中已经完全集成了。

（3）针对 AIR 应用程序开发工作流程进行了改进。

Flash CC 引入了新功能，增强了 iOS 设备的 AIR 应用程序开发。可以通过 USB 同时连接多台设备，在各种屏幕上测试应用程序。可在解释器模式下测试和调试，通过 USB 在 iOS 上进行测试和调试，大大提高了 AIR 的开发效率。

（4）JS API 的错误提示增强。

错误消息现在包括行号、带有准确的错误消息的问题陈述、文件名以及其他有助于调试的详细信息。

Flash CC 工作环境 2

学习要点

- 掌握 Flash CC 的工作环境
- 掌握工具面板的相关知识
- 掌握时间轴的相关知识
- 掌握舞台的显示方法
- 掌握属性面板的概念

运行 Flash 程序，当启动画面结束后，首先进入视线的就是开始页。开始页提供了打开和新建文档的捷径，并提供了一些教程和帮助信息。开始页的主体分为左、中、右三部分。左栏为"打开最近的项目"和"扩展"栏，中栏为"新建"和"模板"栏（该栏也包括一些为高级开发任务准备的选项），右栏为"简介"和"学习"栏，如图 2-1-1 所示。

图 2-1-1

如果不想在下次启动程序时再看到开始页，可以在该页面的左下角勾选"不再显示"复选框，这样就设置好了。需要时，还可以通过选择菜单"编辑→首选参数→常规→启动时显示'欢迎屏幕'"，重新设置为开始时出现开始页。

首先，我们快速浏览一下 Flash CC 的工作环境，也就是 Flash CC 的操作界面。打开 Flash 应用程序，在初始页面"新建"下的"Flash 文件（ActionScript 3.0）"选项上单击，进入 Flash CC。这时可以看到一个排列有序的界面，它的基本结构如图 2-1-2 所示。

图 2-1-2

应用程序栏：包含了工作区切换器和 Create Cloud 云设置状态同步选项，设置状态同步是 Flash CC 的新增功能，可以在多台计算机上同步软件的设置状态信息。

菜单栏：包含所有能用到的菜单命令，通过它可以执行大部分的功能。

时间轴：时间轴控制项目文件中的所有元素，包括图层、帧、播放头和状态栏。默认情况下，时间轴停放在舞台下部，但是我们能取消停放，然后将其移到屏幕上的任意位置。

工具面板：包含各种选择工具、绘图工具、文本工具、视图工具、填充工具以及一些相关选项。

舞台：主要用来显示动画、图像和其他内容。在发布或导出一个已完成的项目后，它是用户可见的区域。

面板：Flash 中有多种面板，用这些面板可以查看或更改 Flash 文档中的相关元素。可以在"窗口"菜单中勾选所要打开的面板或者取消勾选来关闭它们。

属性面板：属性面板显示舞台或时间轴上当前选定项的相关属性，同时，滤镜面板也整合到该面板中了，操作起来很方便。

储存和管理界面：用户在操作中会用到不同的面板，经过长时间的操作后，或许界面已经乱作一团，怎样才能让它们各归其位呢？这时只需在应用程序栏里的"工作区切换器"中单击"重置 - 基本功能"选项，就可以把杂乱的界面恢复到默认界面了，如图 2-1-3 所示。

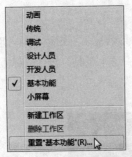

图 2-1-3　重置"基本功能"

　　每个人操作软件的习惯各不相同，如果每次使用 Flash CC 时都要先调整好自己习惯的操作界面，则会浪费时间。假如我们把习惯的操作界面储存起来，下次使用时就可以快速调用。怎样才能把当前自己习惯的操作界面储存起来呢？在应用程序栏里的"工作区切换器"中单击"新建工作区"，输入合适的名字，这样就可以把当前的操作界面储存到工作区切换器中了。

　　工作区切换器菜单中的"基本功能"工作区作为默认的状态显示，将时间轴窗口放到了界面下方，还将工具面板和原本在界面下方的属性面板都放置到界面右侧。

　　接下来，我们来逐一详解 Flash CC 操作界面各部分的具体构成。

2.1　应用程序栏

　　应用程序栏比较简单，该栏显示了工作区切换器下拉菜单。工作区切换器中包含了 7 种（动画、传统、调试、设计人员、开发人员、基本功能和小屏幕），针对不同领域专业人员各自操作特点的选项，默认的预设为基本功能。

　　Flash CC 中新增了一个"同步设置状态"按钮 ⚙❗，在安装 Flash CC 程序时会要求输入 Creative Cloud ID，登录成功后单击该按钮便可以把首选参数、默认文档设置、键盘快捷键、网格、辅助线和紧贴设置以及 Sprite 表设置同步到云服务器中。当你更换计算机时，可在新的计算机中同步之前的设置状态，快速部署工作环境。要切换账号，请单击菜单栏的"帮助→注销"，重新登录新账号。

2.2　菜单栏

　　菜单栏包含了所有执行命令的菜单，Flash 的大部分命令通过它来完成，选择不同的菜单可以执行不同的操作。在以后的相关章节中，会详述相应的操作命令。

2.3　工具面板

　　Flash CC 的默认布局，是将工具面板放置到界面的右侧。工具面板里包含了绘图、选择、编辑和填色等所有工具。拖动工具面板的边框可以改变工具面板的大小。

　　把指针放置在工具▣上停留片刻，我们可以看到指针的下方显示工具名称为"矩形工具（R）"，快捷键为"R"；直接在键盘上敲击"R"键（大小写都可），即可快速选中这个工具。按住鼠标不放，可以在弹出的更多同类工具中进行选择，如图 2-3-1 所示。

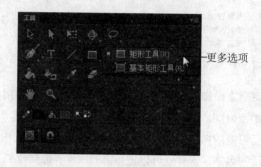

图 2-3-1

　　同时还可以在图 2-3-1 中看到，工具面板被分隔线分为 6 个区域，该工具面板由以下 6 部分组成。

　　第 1 个区域为"选择"部分，主要用来选择工作区中的相关对象。

　　第 2 个区域为"绘图"部分，包括了一些用来绘制线段、图形和输入文本的相关工具。

　　第 3 个区域为"填充"部分，主要是填充颜色、擦除填充和吸取颜色等与填充相关的工具。

　　第 4 个区域为"查看"部分，这个部分只有两个工具——手形工具和缩放工具。

　　第 5 个区域为"颜色"部分，这部分主要用来设置笔触和填充的颜色。

　　第 6 个区域是"选项"，这个区域比较特殊，平时是不显示的，只有在选择了相应的工具后，根据所选工具的不同而显示相关的选项。

2.4　时间轴

　　时间轴大体上由图层、帧和播放头 3 部分组成。还包括添加多个图层，可以用来组织文档中的插图。图层按照其在时间轴中出现的次序堆叠，因此，时间轴底部图层的对象在舞台上也堆叠在底部。我们可以隐藏、显示、锁定或解锁图层。每一图层的帧都是唯一的，但是我们可以在同一图层上将其拖动到新位置，复制或移动到另一图层。下面以图 2-4-1 所示的文件——Adobe Airplane 为例说明。

图层 ———

播放头 帧

图 2-4-1

1. 图层

图层就像堆叠在一起的多张幻灯胶片一样，每个图层都包含一个显示在舞台中的不同图像。在当前图层中绘制和编辑对象，并不会影响其他图层上的对象。例如，实例"Adobe Airplane"中就有"背景"、"文字"和"飞机"3个图层。

2. 帧

帧是动画中的单位时间。与胶片一样，Flash CC 将时长分为帧。没有内容的帧以空心圈显示，有内容的帧以实心圈显示。普通帧会延续前面关键帧的内容。帧频决定每个帧占用多长时间。例如"飞机"这个图层的帧有飞机飞行时所处的不同位置，当影片从左到右播放这些帧的内容时，就展现了一架飞机从右到左飞行的过程。

3. 播放头

在时间轴面板里有一条比较细的红线，拖动该红线上的红方块，可以观看红线所停留帧的详细内容，这条红线就是播放头。播放头指示到某帧，该帧的内容就会展现到舞台上，这有助于用户来编辑该帧的内容。

关于图层和帧的具体操作，会在后面的章节做详细的介绍。

2.5 舞台

和剧院中的舞台一样，Flash 中的舞台也是播放影片时观众看到的区域，它包含文本、图形及出现在屏幕上的视频。在 Flash Player 或即将播放 Flash 影片的 Web 浏览器中移动元素进出这一矩形区域，就可以让元素进出舞台。当然了，用户也可以在舞台周围的灰色区域对 Flash 的内容进行相应的操作，不过值得注意的是，在 Flash 影片播放时，灰色区域里的内容是不可见的，如图 2-5-1 所示。

图 2-5-1

例如在下面这个例子中，想要表现飞机从右飞到左的过程，这时可以让飞机从舞台外面的灰色区域驶入舞台，然后继续驶出舞台，如图 2-5-2 所示。在最终放映的 Flash 影片中，用户只能看到飞机在舞台上移动的那部分画面，而看不到飞机在灰色区域移动的过程。打开"Flying"文件，在菜单栏选择"控制→测试影片"或者直接使用快捷键 Ctrl+Enter 测试影片，这时便可以看到最终效果。

图 2-5-2

Flash 默认的舞台大小是 550 像素（宽）×400 像素（高），背景为白色，如图 2-5-3 所示。当然，用户也可以根据需要来更改这些默认值。

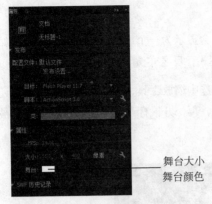

舞台大小
舞台颜色

图 2-5-3

用户可以在菜单栏选择"视图→标尺"，这时可以在舞台上显示出标尺，也可以在菜单栏单击"视图→网格→显示网格"，使舞台上显示出网格，或者在菜单栏单击"视图→辅助线→显示辅助线"，然后可以单击标尺的任意一处，在不松开鼠标的情况下将辅助线拖到舞台上相应的位置。标尺、网格和辅助线可以帮助用户对舞台上的内容进行精细的定位操作，如图 2-5-4 所示。

辅助线

标尺

网格

图 2-5-4

提示：网格和辅助线的参数是可以调整的。用户可以选择"视图→网格→编辑网格"，在弹出的对话框中对网格进行设置；在菜单中选择"视图→辅助线→编辑辅助线"，在弹出的对话框中对辅助线进行设置；也可以双击辅助线，在弹出的移动辅助线对话框中进行编辑，精确定位。

2.5.1　缩放舞台

在制作 Flash 影片的过程中，用户常常需要缩小或者放大舞台，以便更好地对舞台上的内容进行缩小或者放大的相关操作。用户可以在工具面板中单击"缩放"工具，在相应选项中选择放大或者缩小工具来对舞台进行缩放操作，如图 2-5-5 所示。

在选中缩放工具时，可以将指针移至工作区中，指针会显示为一个放大或者缩小模式。例如当前为放大模式，同时按下 Alt 键可以快速切换到"缩小"模式，反之亦然。

假如需要对舞台上内容的特定区域进行放大，首先要选中缩放工具，无论当前是放大模式还是缩小模式，在所要放大的区域按住鼠标左键拖出一个矩形，再松开鼠标左键，指定的区域就会被放大并填充至整个窗口，如图 2-5-5 和图 2-5-6 所示。

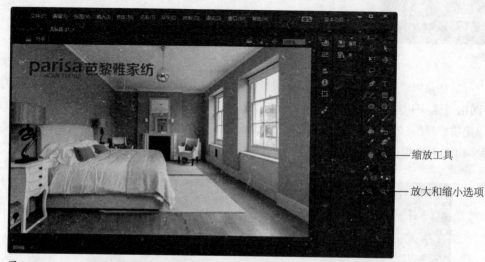

缩放工具

放大和缩小选项

图 2-5-5

放大比率在此显示

图 2-5-6

假如需要将舞台恢复到本来大小，只需双击"缩放"工具即可。同时还可以利用其他方式来缩放舞台。如在菜单中选择"视图"，在下拉菜单中选择"放大"、"缩小"或者"缩放比率"来进行缩放操作。同时用户还可以在工作区上方的编辑栏调整舞台的缩放比率，如图2-5-7所示。

调整缩放比率

图 2-5-7

在"缩放比率"的选项中，可以看到一个"显示全部"选项，使用该选项，可以显示出当前帧的全部内容，如图2-5-8所示。

图 2-5-8

当用户需要显示整个舞台时,选择"缩放比率→显示帧",可以看到完整的舞台,包括舞台下面及右边的拖动条,舞台自动居中对齐,如图 2-5-9 所示。

图 2-5-9

选择"缩放比率→符合窗口大小",可以使舞台充满应用程序窗口,此时舞台周边的拖动条是不可见的,如图 2-5-10 所示。

图 2-5-10

Flash CC 舞台上的最小缩小比率为 4%,最大放大比率为 2000%,所有的缩放操作都只能在这个范围内进行。

符合窗口大小:在保证可视区域完全显示的前提下,把舞台缩放至充满整个文档窗口的大小,舞台自动居中对齐,同时水平与垂直滚动条不显示。

显示帧:按照当前帧可视区域的边界来调整舞台视图,舞台自动居中对齐,这时不包含工作区的内容。

显示全部:按照所有对象可视区域的边界来调整舞台视图,同样也包括工作区中的内容。

2.5.2 移动舞台及定位到舞台中心

当把舞台放大之后或者对象本身比较大时，就需要移动舞台来查看舞台上的内容，这时候，就可以用工具面板上的手形工具  来查看各个部分视图了。选中手形工具后，在舞台上按住鼠标左键不放，便可以根据需要拖动舞台。如果在其他工具的编辑状态下，也可以直接按住空格键，这时光标会切换到手形工具，在舞台上按住鼠标左键也能进行舞台的拖动操作。

Flash CC 中新增了"舞台中心"的定位功能，当工作区较大时，不管移动舞台到任何地方，都可以通过舞台顶部的"舞台中心"快速返回舞台中心。

2.5.3 全屏模式编辑

当 Flash 作品的舞台区域较大或在较小的屏幕进行编辑时，编辑效率就低，因此 Flash CC 增加了新的全屏编辑模式，通过按 F11 键即可进入全屏编辑模式，Flash CC 会出现一个操作的提示框，如图 2-5-11 所示。

图 2-5-11

全屏模式通过隐藏面板和菜单栏为舞台分配更多屏幕空间。面板转换为重叠的面板，在全屏编辑模式下可通过将指针悬停到屏幕缘来显示或隐藏面板，也可以通过按 F4 键来显示或隐藏面板，如图 2-5-12 所示。

图 2-5-12

2.6 属性

2.6.1 属性检查器

　　属性检查器即属性面板位于界面右侧，与库面板形成一个面板组。使用属性面板可以轻松访问当前舞台或当前时间轴上选中内容的最常用属性。属性面板可以显示当前文档、文本、元件、形状、位图、视频、组、帧或工具的属性信息和设置。当选择了两个或多个不同类型的对象时，属性面板会显示选中对象的总数。该面板为创作动画整合了最基本的选项，让用户可以从一个统一固定的位置访问到大部分的工具选项，属性面板是使用率最高的面板。图 2-6-1 分别显示了不同选定状态下的属性面板。

文档属性

影片剪辑属性

帧属性

静态文本属性

图 2-6-1

2.6.2 滤镜

滤镜是属性面板中的一个子项目，可以直接利用各种滤镜为文本、按钮和影片剪辑增添有趣的视觉效果或创建逼真的动画。

首先选中要应用滤镜的对象，然后单击打开"滤镜"面板，单击"添加滤镜"按钮　　，在弹出菜单中选择所要应用的滤镜，如图 2-6-2 所示。

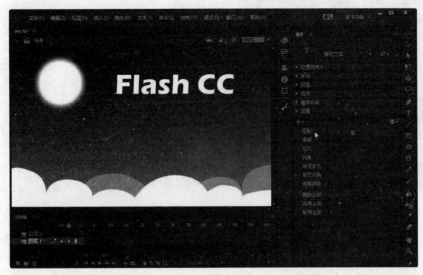

图 2-6-2

当然，用户还可以通过更改滤镜的相关属性来调整所应用的滤镜，如图 2-6-3 所示。

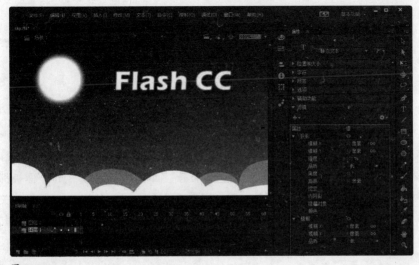

图 2-6-3

一个对象可以同时应用多个滤镜，这时可以看到所有被应用的滤镜的列表。如果要撤消某个滤镜效果，可以在列表中选中该滤镜，再单击滤镜面板上面的"删除滤镜"按钮 ▬，如图 2-6-4 所示。

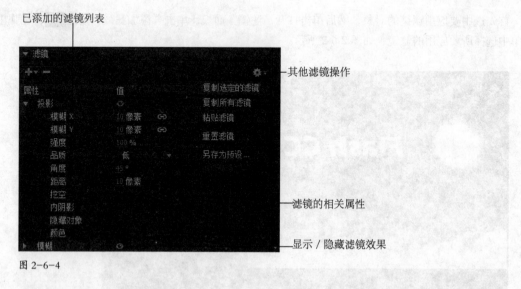

图 2-6-4

单击滤镜列表右侧的眼睛图标可显示或隐藏该滤镜效果；单击滤镜面板右侧"选项"按钮可对滤镜进行更多操作，如复制粘贴滤镜，复制粘贴所有滤镜；每个滤镜效果都有一个预设的默认值，如果对编辑的滤镜效果不满意可选中滤镜，执行"重置滤镜"功能，恢复滤镜的默认值。

制作好一组滤镜效果后，可以将其另存为预设，单击"选项"下拉菜单中的"另存为预设"功能，为当前效果命名即可保存一个预设，在"选项"下拉菜单中便会出现你命名的滤镜效果预设。选择新的对象，单击这个预设效果会自动应用滤镜。

提示：应用的滤镜数量越多，质量越高，Flash 要处理的计算量也就相对越大。一定要根据需要，选择合适的滤镜数量和质量级别，以此来保证 Flash 影片的播放性能。

2.7 面板

Flash CC 精简了部分不常用的面板，删除了"控制器"、"动画编辑器"、"公用库"、"项目"、"行为"、"组件检查器"、"影片浏览器"、"字符串"、"Web 服务"面板。Flash CC 的每个面板都有一套独特的工具或信息，以查看或修改特定的文件元素。用户通过这些面板可对选定对象的相关属性进行查看和调整。在 Flash 主菜单中单击"窗口"菜单，可以看到 Flash 程序中所有面板的列表，如图 2-7-1 所示。

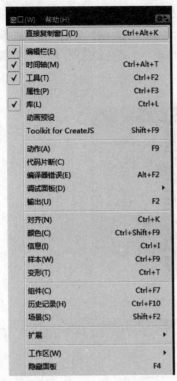

图 2-7-1

2.7.1 面板的样式与组合

面板的位置是不固定的，可以随意泊靠或移动、折叠或展开，或将多个面板组合在一起。这十分有利于管理和使用众多的面板，如图 2-7-2 所示。

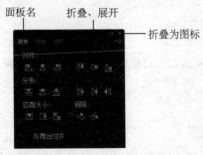

图 2-7-2

在 Flash CC 中，可以随意地将面板拖动到任何的一个地方进行组合。鼠标单击面板上的标签并拖动到用户想要组合的面板上，然后松开鼠标，面板将自动组合到想要组合的面板上，形成面板组，如图 2-7-3 所示。例如，将一个面板拖移到另一个面板上，当边界出现一个蓝色边框时，即可松开鼠标，将面板放置到此处，如图 2-7-4 所示。

图 2-7-3

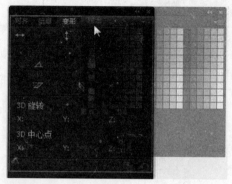
图 2-7-4

如果想单独把某个面板从面板组中取出，只需要直接单击你想取出的面板的标签，并将其拖出面板组，然后松开鼠标，这样它就会独立出来了，如图 2-7-5 所示。

图 2-7-5

如果想调整面板在面板组中的顺序，直接按住面板名不放，左右移动到你想要放置的位置，松开鼠标即可。

2.7.2　图层

图层是大部分设计软件的一个通用概念，它犹如无数的透明玻璃纸，你在玻璃纸上作画，透过上层的玻璃纸可以看到下层玻璃纸的内容，内容被叠加在一起，从而产生丰富的视觉效果。

一个 Flash 影片往往会包含许多图层，图层按照其在时间轴中出现的次序堆叠，因此，时间轴底部图层的对象在舞台上也堆叠在底部。假如某两个对象在时间轴上占用同一空间，那么上层中的对象在显示时会挡到下层的对象，当然这并不会影响到对它们进行单独编辑。图层面板设置区如图 2-7-6 所示。

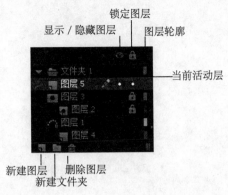

图 2-7-6

显示 / 隐藏图层：此切换开关外形为一个小眼睛，用来临时隐藏舞台视图中该层的内容。点眼睛下面的小黑点可显示 / 隐藏黑点所在图层，如果直接点小眼睛，那么它会隐藏或者显示所有图层内容。注意，这种"隐藏"并非实质上的删除此层，只是一个编辑的辅助操作，帮助用户无干扰地编辑内容。隐藏后，图层中的内容依旧可以在输出的目标文件中显示出来。

锁定图层：在创作过程中，经常会因为误操作移动或删除了已经制作好的内容。因此，使用该切换开关可以禁止或允许对图层的编辑，当锁定后可以保护该层不受任何操作的影响。

图层轮廓：它的全称是"将所有图层显示为轮廓"，如果使用的对象过于复杂，而计算机配置又较低，经常会影响编辑时的显示速度。而这个线框模式可以提高计算机的运行速度，还能准确地显示对象的位置，这样的确是一个完美之策。

新建图层：在当前图层的上方建立一个新图层，双击图层后，可以修改该图层的名称，上下拖动图层可调整图层的前后顺序。

新建文件夹：图层多到一定程度，管理起来就不会很方便了。使用图层文件夹，可把图层进行分类归总。方法很简单，只要把图层直接拖入文件夹就可以了。和图层一样，图层文件夹也可执行调整上下顺序、改名等操作。使用其下拉箭头图标可折叠 / 展开文件夹。

删除图层：直接单击此按钮可删除当前活动图层，也可以把相应的图层直接拖入到该按钮上进行删除。当只剩一个图层或文件夹时，此按钮将变为灰色不可用状态。

当前活动层：指当前正在编辑的图层，使用铅笔图标来表示当前活动图层，并且此层会变为蓝色选中状态。

图层的属性：右键单击图层会出现一个弹出菜单，在其中单击"属性"选项，会出现"图层属性"对话框，如图 2-7-7 所示。这里以简要的形式列举了关于图层的众多选项，包括名称、选择图层的类型和轮廓颜色等，同时也可以设置图层高度。在类型一项中，选择用于各种图层之间的转换，在以后的动画实例中将经常提到。

图 2-7-7　图层属性

2.7.3　使用快捷菜单和快捷键

除了繁多的菜单和工具外，为了提高操作效率，Flash 也提供了一些常用功能的快捷菜单和快捷键。
Flash CC 对键盘快捷键面板重新设计并进行了简化，提高了可用性和性能。

1.　快捷菜单

快捷菜单不同于主菜单，一般需要右键单击才会看到，而且它只会显示与当前单击区域相关的一
些功能。比如在 Flash 中，只有在工作区、对象、帧或库面板上右键单击鼠标才会看到相关联的快捷
菜单。这些快捷菜单同样也是可以在主菜单中找到，如图 2-7-8 所示。

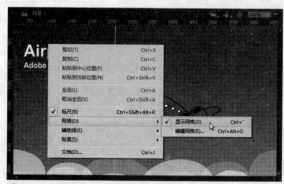

图 2-7-8　与舞台相关联的快捷菜单

2.　使用快捷键

用鼠标在众多菜单中寻找功能是相当浪费时间的。对于大多数熟练的软件使用者来说，记忆一
些常用的快捷键是一种高效的方法。

如之前提及过的，工具面板中的快捷键都是单键形式的。而其他的菜单、面板的快捷键都是以键

盘上 Ctrl、Alt 和 Shift 这三键中的某个或某几个加上字母、数字或符号组合而成的。按照常规，越常用的快捷键越短，例如快捷键 Ctrl+L 可以调出库面板。快捷键一般写在菜单命令之后，如图 2-7-9 所示。

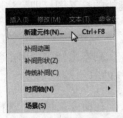

图 2-7-9　新建元件的快捷键

3. 自定义快捷键

除了一些通用的 Ctrl+C、Ctrl+L 等快捷键以外，并不是所有默认的快捷键都容易记忆。用户可根据个人习惯更改快捷键设置。比如颜色面板的快捷键是 Ctrl+Shift+F9，在键盘上单手敲击这 3 个键比较费劲，我们可以改一个容易操作的快捷键。

选择"编辑→快捷键"就进入了"快捷键"对话框。所谓触类旁通，如果你是 Photoshop、Illustrator 或其他软件的用户，也可以在 Flash 中使用以前熟悉软件的快捷键，这样会更快地熟悉现有的操作环境。Flash CC 重新设计了键盘快捷键面板，增加了搜索功能，界面如图 2-7-10 所示。

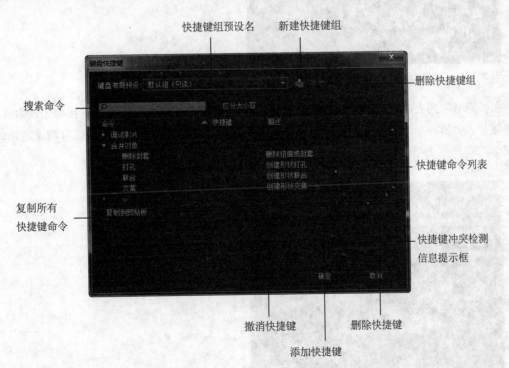

图 2-7-10

如果新快捷键的键值与默认值相冲突，冲突信息提示框会显示具体的信息，可直接单击"转到冲突"按钮，快速找到冲突位置进行修改。

要删除快捷键设置可选中命令，单击"删除全部"按钮或单击快捷键栏的打叉图标即可清除快捷键设置。

可以根据自己需要，设置个性化的快捷方式。首先可复制一个副本，在副本上修改，单击新建快捷键组按钮，在弹出的副本中输入一个新的名字，以新名称保存当前快捷键组。

默认状态下，命令菜单是折叠起来的，单击相应的菜单弹开详细列表，在命令菜单中，选择菜单命令所属的类别进行快捷键设置。也可以通搜索栏对所有快捷键命令进行搜索，搜索栏对快捷键组的全文进行匹配，包括命令、快捷键和描述，如图2-7-11所示。

图2-7-11

在"网络"列表中，单击"编辑网络"，然后单击下部的"添加"按钮或直接单击该命令的快捷键栏，会出现一个带打叉按钮的输入框，按下键盘上的 Ctrl+Alt+D，快捷键自动设定完成，如图2-7-12所示。

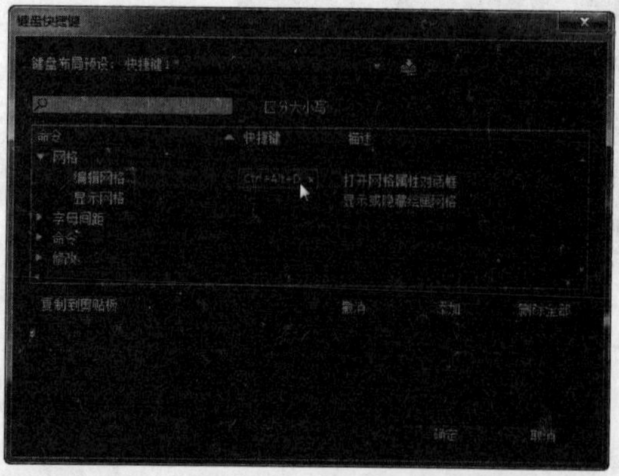

图2-7-12

2.7.4 文档的撤消

撤消和重做

在动画的创作过程中，如果操作失误，可以通过撤消操作来恢复到之前的状态，而重做命令又可以取消刚才的撤消，两者互为逆操作。在"编辑"菜单的最上面，有"撤消"和"重做"两条命令，快捷键分别是 Ctrl + Z 和 Ctrl + Y，这两个快捷键也几乎是通用的，需要熟记。撤消一直是非常受用户青睐的，它可以撤消上百步或更多，选择菜单"编辑→首选参数"，在第一页中，可以设置 Flash能够撤消的最多步数，如图 2-7-13 所示。

图 2-7-13

2.7.5 场景面板

在创建大型的 Flash 动画项目时，经常会使用场景来组织影片。可以把场景理解为整个演出中的一幕，或者电影中的一个分镜头。每个场景有独立的时间轴，但实际上它只是主时间轴的延续。使用场景会使动画项目在组成上更合乎逻辑，并方便管理。

选择"窗口→场景"打开场景面板。如不通过脚本调用，场景会按照排列的顺序进行播放，这个顺序可以通过上下拖动来改变，如图 2-7-14 所示。

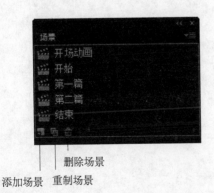

添加场景　重制场景　删除场景

图 2-7-14

不过，Flash 项目越做越大，使用场景来组织动画的设计师反而越来越少了。原因很简单，在一个文件中使用场景会使其目标文档体积变得很大。如今使用更多的是把庞大的动画项目进行模块化管理。用单独的 Flash 文档来代替场景，把项目的各组成部分都拆开来，通过脚本进行调用。这样的好处是提高了 Flash 的播放性能，方便修改又能提高团队合作的效率。

2.8 小结

至此，我们对 Flash CC 的工作环境已经有了大体的了解。大家是不是已经迫不及待地想要在这个操作环境里一显身手了？好吧，在下一章中，我们将讲述 Flash 软件中重要的基础操作——绘图。

Flash CC 绘图 3

- ·掌握各种选择工具的使用
- ·掌握各种绘图工具的使用
- ·掌握各种填充工具的使用
- ·掌握本课中所有工具的实际用途

3.1 Flash CC 绘图工具

    Flash CC 提供了强大的绘图功能，这是创作过程中是最常用的功能之一。Flash CC 绘图主要借助工具面板上的各种绘图工具来完成。在前面的章节中，已经对 Flash CC 的工具面板进行了初步的介绍，下面来对工具面板上的各个工具的具体名称和功能做一些介绍。工具面板如图 3-1-1 所示。

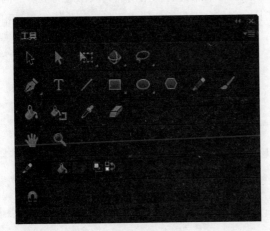

图 3-1-1

    Flash CC 删除了 Deco 绘图工具、骨骼工具、绑定工具、喷涂刷工具。在上一章中已经讲到，Flash CC 的工具面板大致可以分为 6 个部分，下面将介绍从上到下每个工具的名称和相对应的功能。

1. 选择部分

选择工具：选取舞台中的文字或者图像。

部分选取工具：选取矢量图形的节点和路径来改变图像的形状。

任意变形工具：任意变形对象、组合、实例或文本块。使用这个工具，可以移动、旋转、缩放和扭曲单个变形或同时组合几个变形。

渐变变形工具：对渐变颜色进行移动、旋转、缩放的变形操作。渐变变形工具和任意变形工具在同一个位置，两者通过图标右下的三角箭头进行切换。

3D 平移工具：在 3D 空间中通过 x、y、z 轴移动对象。注意，移动的对象只能为影片剪辑。

3D 旋转工具：在 3D 空间中旋转影片剪辑对象。

套索工具：通过在图形对象上手绘一个自由选择部分，用来创建插图的一个不规则选择工具。使用套索工具选项来微调并调整选择。

多边形工具：通过在图形对象上绘制一个几何图形来创建插图的选区工具。

魔术棒：对于导入到舞台的并打散的图片，可以使用魔术棒工具选择相近的颜色进行编辑。

2. 绘图部分

钢笔工具：Flash 中惟一用来创建贝塞尔曲线的绘制工具，可创建直线或曲线。与辅助键 Alt 和 Ctrl 混合操作，能精确控制线段。注意，钢笔工具图标右下方有三角箭头，表示还有更多的同系列工具可以选择。按下鼠标可以看到另外 3 个工具，它们分别是添加锚点工具、删除锚点工具和转换锚点工具。

T 文本工具：用来在舞台上创建文本对象。

线条工具：用来绘制直线。

矩形工具：用来绘制矩形图形。

基本矩形工具：通过属性面板的选项可以绘制圆角或倒圆角矩形。

椭圆工具：用来绘制圆形或椭圆图形。

基本椭圆工具：通过修改属性面板的选项来绘制同心圆、扇形等图形。

多角星形工具：通过选项设置来绘制多边形或星形等图形。

铅笔工具：用其中一个优化线条的模式（共 3 种）创建线条，模式包括直线化、平滑和墨水。

刷子工具：用来绘制刷子效果的线条或者填充所选对象内部的颜色。

3. 填充部分

墨水瓶工具：用来描绘所选对象的边缘轮廓。

颜料桶工具：用来对绘制区域填充颜色。

滴管工具：用来吸取文字或者图像的颜色。

橡皮擦工具：删除舞台上的任何不想要的图像区域。按住 Shift 键，能完美地擦掉水平和垂直线条。

4. 查看部分

手形工具：移动图像显示区。

缩放工具：缩放图像观察比例。

5. 颜色部分

笔触颜色：对绘图部分设置笔触的颜色。

填充颜色：对填充部分设置填充的颜色。

黑白：重置笔触颜色为黑色，填充颜色为白色。

交换颜色：交换笔触颜色和填充颜色。

6. 选项部分

选项部分根据当前选择的工具显示该工具对应的设置，这里不再一一举例。

接下来，我们按照从易到难的顺序来对各种工具进行讲解。需要说明的是，这个顺序和工具面板的顺序并不相同。

3.2　选取工具

工具面板上的"选择工具"、"套索工具"、"3D 旋转工具"、"3D 平移工具"和"部分选取工具"都是可以用来选取对象的。通过选取工具，可以自由实现选中、移动和变形图形等操作。

3.2.1　选择工具

1. 选取对象

在对象的外围用鼠标拖出一个选取框，选取框中的内容就是圈选的内容。圈选可以选取全部对象，也可以选取部分对象。直接单击对象即可选择该对象，使用快捷键 Ctrl+A 用来选择工作区上的全部对象，直接在选择对象之外单击或者按 Esc 键就可以取消选择，如图 3-2-1 左图所示。

当然了，也可以按住鼠标左键，将对象的一部分框选在内，则选取该对象的框选的部分，如图3-2-1右图所示。

图 3-2-1

移动复制：按住 Alt 键不放，拖动选中的对象到合适位置，松开鼠标，这时该位置就多了一个刚才选中对象的副本，这样就可以轻松完成对象的复制了，如图 3-2-2 所示。

图 3-2-2

加选减选：按住 Shift 键不放，连续单击多个对象，可以把新的对象添加到当前的选择范围内，这被称为"加选"。"减选"的方法与之类似，再次按住 Shift 键，单击已经选中的相应对象，可以取消刚才那些对象的选取。

注意：在合并绘制模式下，双击线条可以同时选取与该线条连接的所有线条，双击面也可以同时选取与该面连接的所有线条。

2. 变形操作

将鼠标指针放在线条上，当鼠标指尖下方出现弧形线段或直角线段时，拖曳线条，可以将线条扭曲，从而使对象变形。如图 3-2-3 左图所示。可以将车顶线条拖动成曲线，使公共汽车的造型更加卡通化。

将鼠标指针放在线条边角处，可以拖曳边角位置，将对象变形，如图 3-2-3 右图所示，改变了边角的位置后，整辆公共汽车更有速度感。

图 3-2-3

3. 修改对象

在使用选择工具选取曲线时，可以看到工具面板上的选项区有"平滑"和"伸直"两个按钮，它们是用来优化线条的。分别单击它们，选取的曲线就会出现"平滑"或者"伸直"的效果。这里用铅笔绘制了一艘船，如图 3-2-4 所示，可以明显地看出鼠标绘制的粗糙边缘，单击"平滑"选项可以使线条边缘变得光滑。对于同一草图，如果单击"伸直"，就可以看到大部分线条变为了直线。

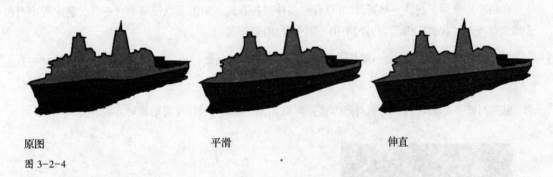

原图　　　　　　　　　　平滑　　　　　　　　　　伸直

图 3-2-4

在属性面板上，可以清晰地看到被选取曲线的坐标位置、颜色、笔触、样式、缩放、端点和接合等属性，如果在此改变曲线的相关属性，曲线就会作出相应的变化。

4. 对齐对象

在用选择工具选取并移动对象时，我们可以用 Flash CC 的贴紧功能来使对象之间对齐，或者使对象与网格、辅助线等对齐。

贴紧至对象：在选择了"选择工具"之后，在工具面板的选项区对应有一个"贴紧至对象"选项，便于我们对齐对象。

当移动右边的 Johny 接近左边的 Johny 时，对象中心有一个黑色"小圆环"，当对象被移动到与目标对象的对齐距离时，这个"小圆环"会变大，两个对象就会自动对齐，如图 3-2-5 所示。

图 3-2-5

除了直接在工具面板中选择"贴紧至对象"选项，当然还可以在菜单栏选择"视图→贴紧→贴紧至对象"。

在菜单栏选择"视图→贴紧"，可以看到几种对齐方式。单击可以使某个对齐方式前出现小对勾，这时该对齐方式就被应用了；再次单击，则可关闭该选项。

还可以选择"视图→贴紧→编辑贴紧方式"，打开"编辑贴紧方式"对话框，根据需要设置对齐方式，如图 3-2-6 所示。

贴紧对齐：如果勾选了贴紧对齐方式，可以如图 3-2-6 所示，设置贴紧对齐的容差。

图 3-2-6

默认的对象垂直边缘与舞台边界的容差是 0 像素，当对象垂直边缘与舞台边界相距 0 像素时，会出现一道提示虚线。当然也可以设置对象之间水平或者垂直的贴紧对齐容差。当两个对象的水平或垂直边缘在设定的容差内对齐时，舞台上会出现提示虚线，如图 3-2-7 所示。

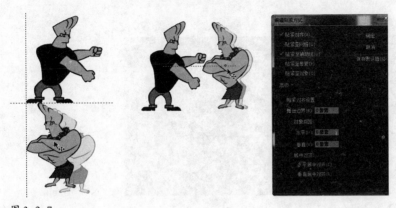

图 3-2-7

如果勾选"水平居中对齐"或者"垂直居中对齐"，那么当两个对象水平方向的中心点或者垂直方向的中心点在所设置的一定容差内对齐时，舞台同样也将会出现提示虚线。

贴紧至像素：当勾选"贴紧至像素"并移动对象时，对象会以像素为单位移动。

当把舞台放大到 400% 以上时，再按 X 键，这时舞台上将出现像素格，我们可以看到对象无论如何放置，始终贴紧像素格，如图 3-2-8 左图所示。

所谓的"贴紧至网格"和"贴紧至辅助线"，实质上是指当将对象移动到与网格或者辅助线一定容差距离时，对象便与网格或者辅助线自动贴紧。当辅助线位于网格之间时，贴紧辅助线优先于贴紧至网格，如图 3-2-8 右图所示。

图 3-2-8

3.2.2　套索工具

套索工具也可以用于选取全部对象或者选取部分对象。下面用一个已经打散的像素图片作为例子，来介绍一下套索工具的具体使用方法。

1. 自由选区

　　用套索工具自由选取全部或者部分对象，只要按住鼠标左键勾画一个全部包含或者部分包含对象的自由选区即可。Flash CC 会自动用直线来闭合选区，对象在选区内的部分就会被选取，如图 3-2-9 所示。

图 3-2-9

　　这时要想取消已选区域，在工作区的任意位置单击鼠标左键即可。

2. 多边形选区

　　在套索工具对应的选项区，还有魔术棒和多边形模式。用多边形 来选取对象，会勾画出一个直边选区。在起始点单击鼠标左键，然后单击另一点，勾画出一个线段，接着单击另一点，继续勾画相连的线段。双击鼠标左键结束勾画，在选区内的对象就会被选取，如图 3-2-10 所示。

图 3-2-10

　　在多边形模式下，如果要取消选取，只需在工作区的任意位置双击鼠标左键，或者在已选的区域上单击即可。

3. 魔术棒

魔术棒 ![] 只能应用于被分离为以像素为单位的位图。可以用它来选取对象上颜色相近的区域，这个区域的容差数值可以在魔术棒属性面板中设置，如图 3-2-11 所示。

图 3-2-11

"阈值"的可输入范围为 0 ~ 200。数值越小，可选的颜色越相近，同时可选的范围也越小。

"平滑"用来定义所选区域的边缘的平滑度。

利用魔术棒在对象上选取某一点，然后再用魔术棒继续在对象上单击鼠标左键，与第一点相近的颜色则会被选取，如图 3-2-12 左图所示。

用魔术棒选取了所需的部分后，可以在属性面板里修改被选取部分的属性，例如调整填充色，如图 3-2-12 右图所示，将选区填充为绿色。

图 3-2-12

3.2.3 部分选取工具

利用部分选取工具 ![] 可以显示线段或者对象轮廓上的锚点，通过移动锚点让对象变形。在工具面板上选中部分选取工具后，在对象轮廓上单击鼠标左键，即可显示该对象的轮廓上的锚点，如图 3-2-13 所示。

1. 调整曲线

在曲线的一个锚点上单击鼠标左键，这时该锚点上会出现一个切线手柄。可以通过拖曳锚点来调整这个点两边的曲线的弧度。也可以通过拖曳切线手柄改变曲线，如果按住 Shift 键，曲线会以 $45°$ 的倍数来移动；如果按住 Alt 键，可单独拖动一侧的切线手柄，如图 3-2-14 所示。

图 3-2-13　　　　　　　　图 3-2-14

2. 调整直线

可通过拖动直线上的锚点改变直线的长度或者位置，移动锚点时，还可以借助键盘上的方向键↑、↓、←、→来对锚点的位置进行微调，如图 3-2-15 所示。

图 3-2-15

提示：想要取消部分选取工具的选择，在工作区的任意位置单击鼠标左键即可。如果想删除某个锚点，选中这个锚点，然后按 Delete 键可将其删除。

3.2.4　3D 旋转工具

使用 3D 旋转工具 可以在 3D 空间中将选取的对象进行 x、y、z 轴的相应旋转。3D 旋转控件显示在应用选定对象上，这时 x 轴控件为红色，y 轴控件为绿色，z 轴控件为蓝色。使用橙色的自由旋转控件，可同时进行绕 x 轴和 y 轴旋转。

在全局 3D 空间中旋转对象是以舞台为参考物进行旋转的（这时的 x、y、z 轴的方向是固定的）。局部空间是指以对象为参考物进行旋转的（x、y、z 的方向是随对象调整而变化的）。可以通过"工具"面板中"选项"部分的"全局"切换按钮 来切换全局或局部模式。

在舞台上选择一个影片剪辑，3D 旋转控件将显示为叠加在所选对象上。如果这些控件不在对象上，请双击控件的中心点，以将其移动到选定的对象上。注意，当鼠标放到在 x、y、z 轴控件时，鼠标右下侧将会出现该控件的名字。最外侧圆环形橙色控件可以同时调节 x、y 轴旋转。

拖曳一个轴控件可以使该对象绕该轴旋转，或拖动自由旋转控件（外侧橙色圈）同时进行绕 x 和 y 轴旋转。图 3-2-16 所示为分别旋转不同轴所产生的效果。

原图　　　　　　　拖曳自由旋转控件　　　　拖曳 x 轴控件

拖曳 y 轴控件　　拖曳 z 轴控件

图 3-2-16

若要相对于影片剪辑重新定位旋转控件中心点，可以拖曳中心点。若要按 45°增量约束中心点的移动，需要在按住 Shift 键的同时进行拖曳。旋转中心点，是用来控制对象以何处为中心进行旋转的。双击中心点可将其移回所选影片剪辑的中心，所选对象的旋转控件中心点的位置在"变形"面板中显示为"3D 中心点"属性。

3.2.5　3D 平移工具

使用 3D 平移工具 可以在 3D 空间中移动影片剪辑。在使用该工具选择影片剪辑后，x、y 和 z 三个轴将显示在对象上。x 轴为红色，y 轴为绿色，而 z 轴为黑色。

用户可以使用 3D 平移工具对影片剪辑进行 x、y 和 z 轴的平移操作。x、y 轴上的箭头分别表示对应轴的方向，拖动箭头即可完成平移操作。z 轴控件默认为影片剪辑中间的黑点，默认方向与舞台平面垂直，箭头指向舞台内侧，上下拖动 z 轴控件可在 z 轴上移动对象。若要使用属性移动对象，可以在属性面板的"3D 定位和查看"部分中输入 x、y 或 z 的值。图 3-2-17 所示为分别移动不同轴所产生的效果。

A 原图　　　　B 移动 x 轴控件　　C 移动 y 轴控件　　D 移动 z 轴控件

图 3-2-17

遵循"近大远小"的原则，在 z 轴上移动对象时，对象的外观尺寸将会发生视觉上的变化。当进行 z 轴平移操作时，属性面板"3D 定位和查看"栏中的"宽度"和"高度"值会随之变化。

3.3 基本绘图工具

基本绘图工具包括：钢笔工具、铅笔工具、线条工具、刷子工具、矩形工具、椭圆工具、多角星形工具等。

3.3.1 线条工具

在工具面板中选择线条工具，在舞台上按住鼠标左键拖动，即可绘制出线条。如果在按住鼠标左键的同时按住 Shift 键，就可以绘制出 45°角倍数的线条，例如水平或者垂直的线条。

在工具面板上选择了线条工具之后，属性面板会显示与线条工具相关的设置，如图 3-3-1 所示。

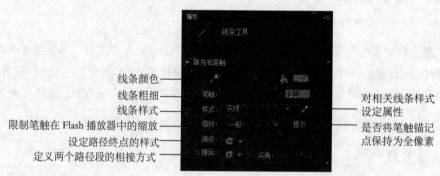

图 3-3-1

下面对属性面板上的各部分内容做具体讲解。

线条颜色：当前选中的线条的颜色或即将绘制的线条颜色。点击色块可在弹出的颜色面板中更改线条颜色。

笔触：范围在 0.10 至 200 之间。可以在右侧输入框内直接键入所需的数值，或者拖动滑块来设置线条的粗细。

线条样式：Flash 提供了丰富的线条样式，如图 3-3-2 所示。

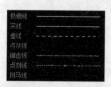

图 3-3-2

选择线条样式后，可根据需要对样式进行调整。例如，选定线条样式为锯齿状，单击线条样式右边的"编辑笔触样式"按钮，在弹出的"笔触样式"对话框里，可以对线条样式进行调整，如图3-3-3所示。同样，也可以在这里设置其他的线条样式。

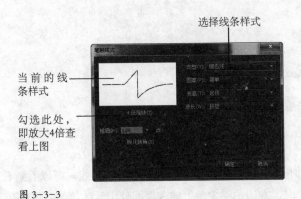

图3-3-3

灵活运用各种线条样式可帮助我们快速地绘制出丰富的图案，图3-3-4所示就是一幅使用不同的线条样式绘制出来的图案（用选择工具 选取线条，可以在属性面板中查看它的属性），如图3-3-4所示。

图3-3-4

当线条样式选定为实线或者极细模式时，缩放、端点和接合属性才可用。

端点：Flash 提供了3种设置线条端点的选项，分别是"无"、"圆角"和"方形"。放大舞台的线条，对段线条应用以上的3个不同选项模式来查看相关的区别。

在图 3-3-5 中可以看到，对端点做了"方形"设定的线段比对端点做"无"设定的线段两端略长一些，"方形"线段两端增加的长度分别相当于线段笔触粗细数值的一半。端点的"圆角"模式与"方形"类似，只不过是端点形状变成圆形的了，这里不再赘述。

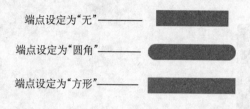

图 3-3-5

接合：定义两个路径段的相接方式。通俗来讲，就是两段线条的接合处的样式。可以看到有 3 个选项尖角、圆角和斜角。当选择"尖角"时，左边的"尖角"输入框即处于激活状态，可以在其中输入尖角的数值，范围在 1 至 60，数值越大，尖角越突出。下面用线条绘制一个三角形，图 3-3-6 显示了同一个三角形的 3 种接合方式。

图 3-3-6

线条不仅具有笔触颜色，还可以转换为填充，以便于进行位图填充或者渐变填充。在舞台上选中要进行转换的线段，选择菜单栏中的"修改→形状→将线条转换为填充"命令，这时线条被转换为填充，使用颜料桶工具即可以进行填充。

在菜单栏中选择"文件→导入→导入到库"命令，导入一张图片，选择已转换为填充的线条，点击属性面板中的颜料桶按钮，在颜色面板中选择图案或渐变，得到如图 3-3-7 所示的效果。

图 3-3-7

提示：将线段转换为填充后，线段就会转变成为图形，便失去了线段的属性。

Flash 的绘图工具有两种绘制模式，分别是合并绘制模式和对象绘制模式。选择钢笔工具、铅笔工具、线条工具、刷子工具、矩形工具、椭圆工具或多角星形工具时，工具面板的选项区都会出现"对象绘制"按钮，如图 3-3-8 所示，当"对象绘制"按钮选中时为对象绘制模式，反之为合并绘制模式。

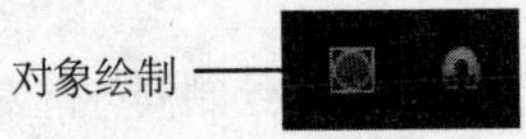

对象绘制 ——

图 3-3-8

合并绘制模式：当在同一图层中绘制的形状重叠时会自动进行合并，最顶层的形状会截去下面与其重叠的形状部分，这种模式是一种破坏性的绘制模式。如图 3-3-9 左图所示，绘制一个圆形，并在其上方绘制一个较小的圆形，然后把小圆移开，大圆中与小圆重叠的部分就会被删除。

对象绘制模式：对象绘制模式与合并绘制模式相反，当创建的形状有重叠时，对象不会自动合并，而是作为单独的图形对象，对象的外观没有被破坏，对象周围会有个蓝色外框。如图 3-3-9 右图所示，在对象绘制模式下，当小圆被移开时，大圆的形状不会被影响。

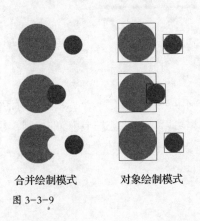

合并绘制模式　　　对象绘制模式

图 3-3-9

3.3.2　铅笔工具

在工具面板上选择铅笔工具，按住鼠标左键在舞台上拖动，便可以进行铅笔绘图。与线条工具一样，在用铅笔工具绘图时，同时按住 Shift 键，可以绘制水平或者垂直的线条，但是不能绘制45°角或者其倍数角度的线条。当选择铅笔工具时，其选项区中会出现"铅笔模式"按钮，点击该按钮，下拉菜单中包含 3 种模式："伸直"、"平滑"和"墨水"，如图 3-3-10 所示。如果选择"伸直"，绘制出来的线条会被自动拉直；如果选择"平滑"，则绘制出来的线条会被平滑处理；如果选择"墨水"，所绘制的线条就保持原样，不会被加工处理。

图 3-3-10

提示：在伸直模式下，如果铅笔工具所绘制的图形接近于三角形、矩形（包括正方形）等，图形就会被自动拉伸为这些几何形状。

如果我们要用铅笔工具绘制一个小船的形状，那么利用 3 种不同的绘图模式来绘制同样的对象，会有什么区别呢？如图 3-3-11 所示，从左到右 3 个图形的绘制分别使用了"伸直"、"平滑"和"墨水"模式。

图 3-3-11

铅笔工具的属性面板与线条工具的属性面板十分类似，不同的是它多了一个"平滑"对话框。当选择了"平滑"绘图模式时，这个对话框会被激活，在这里可以对平滑度进行精确的控制，数值为 0 ~ 100，如图 3-3-12 所示。

图 3-3-12

3.3.3　椭圆工具与基本椭圆工具

1. 椭圆工具

　　Flash CC 中椭圆工具  不再归集在矩形工具中。选择椭圆工具，按住鼠标左键在舞台上拖动，便可以绘制椭圆。按住 Shift 键的同时，使用椭圆工具拖动，可以绘制一个正圆。在按住 Alt 键的同时，以鼠标拖动点为中心可绘制出一个椭圆。

　　也可以运用精确定位的画法，选择了椭圆工具后，按住 Alt 键，在舞台上需要绘制椭圆的地方，单击鼠标左键，即会弹出一个"椭圆设置"对话框。在该对话框中设置椭圆的高度和宽度以及选择"从中心绘制"复选框，单击"确定"按钮之后。则以所选位置为中心完成一个椭圆，如图 3-3-13 所示。

图 3-3-13

　　椭圆工具的属性面板分为两部分，一部分是"填充和笔触"，这部分的属性与线条工具的设置一样，我们可以通过填充和笔触的设置绘制只有轮廓的椭圆或填充的椭圆，如图 3-3-14 所示；另一部分是"椭圆选项"，我们可以通过设置椭圆的开始角度、结束角度和内径的数值来绘制椭圆的一部分，但是绘制好的椭圆部分的开始角度、结束角度和内径的数值不能更改。

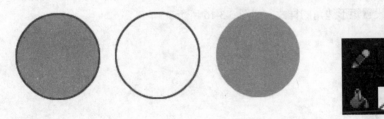

图 3-3-14

2. 基本椭圆工具

　　在椭圆工具的弹出菜单中选择基本椭圆工具 ，可以绘制出基本椭圆。基本椭圆工具的主要特点是：所画的椭圆是作为对象绘制的；绘制后的椭圆可以通过属性面板中的"椭圆选项"随时调整形状。

在如下例子中，就是使用基本椭圆工具绘制的两个椭圆，其中在属性面板中对第 2 个椭圆的起始和结束角度以及内径进行了相应的调整，如图 3-3-15 所示。

图 3-3-15

3.3.4 矩形工具和基本矩形工具

1. 矩形工具

选中工具面板上的矩形工具█后，按住鼠标左键在舞台上拖动，可以绘制一个矩形；如果同时按住 Shift 键，可以绘制一个正方形。

在选择了矩形工具后，舞台右侧的属性面板会显示矩形工具的属性。矩形工具的属性面板同样分两部分，一部分是"填充和笔触"，这部分的操作与椭圆的操作一样；另一部分是"矩形选项"，我们可以通过矩形选项来设置矩形边角的样式，如图 3-3-16 所示。

图 3-3-16

通过"矩形选项"中对即将绘制的矩形边角进行设置，可以绘制圆角矩形，圆角矩形的边角半径可键入的范围为 - 100 至 100，数值越大，矩形的边角钝化程度越高，也就是边角显得越圆。如果键入负数，则边角为向内凹的曲线。图 3-3-17 所示为边角设置为 50 和−50 的圆角矩形。当然在 Flash CC 中也可以对每个边角分别进行不同的设置，只要把中间的锁定按钮开启即可。

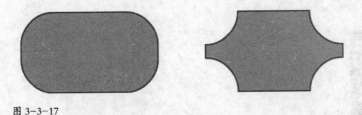

图 3-3-17

在选中了矩形工具后，按住 Alt 键，在舞台空白处单击鼠标左键，会弹出一个"矩形设置"对话框。在该对话框中可以设置矩形的宽度、高度、是否从中心开始绘制以及边角半径的数值。和前面讲到的弹出的"椭圆设置"对话框很类似。

当然还可以更直观地调整矩形边角的钝化程度。在选择了矩形工具后，按住鼠标左键在舞台上拖曳出一个矩形，在不松开鼠标的情况下，可以使用键盘上的方向键，以可视化的方式调整矩形的边角半径，如图 3-3-18 所示。

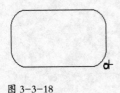

图 3-3-18

2. 基本矩形工具

同基本椭圆工具一样，基本矩形工具也可以用来绘制一个矩形，而且绘制后的矩形保持原图属性，可以在属性面板中继续对它进行圆角方面的调整，如图 3-3-19 所示。

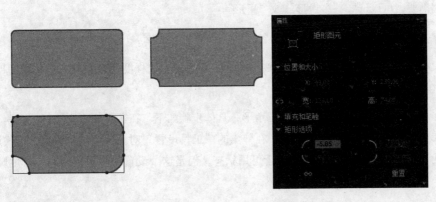

图 3-3-19

3.3.5 多角星形工具

Flash CC 中的多角星形工具不再归集在矩形工具中，与椭圆工具一样独立于矩形工具之外。多角星形工具的属性面板与其他绘图工具类似，如图 3-3-20 所示。

图 3-3-20

多角星形工具的属性面板上有一个"工具设置"。单击"选项"按钮，会弹出一个对话框，如图 3-3-21 所示。

图 3-3-21

我们可以在"工具设置"对话框中对所要绘制的多边形或星形的相应参数进行调整。

样式：根据需要，可以选择"多边形"或"星形"。

边数：设置多边形的边数或者星形的顶点数，数值范围为 3 至 32。

星形顶点大小:输入数值范围为 0 至 1 的数字,以确定星形的锐化程度,数值越小,锐化程度越深。注意，该设置对多边形不产生影响。

下面利用多角星形工具来绘制一个等边三角形，具体步骤如下。在工具面板上选择"多角星形工具"工具，单击属性面板的"选项"按钮，在弹出的"工具设置"对话框中进行设置。样式选择多边形，边数为 3，"星形顶点大小"虽然处于可用状态，但是这个设置对多边形绘制不产生影响。

设置完成后，单击"确定"按钮，然后在舞台上按住鼠标左键拖曳，便能得到一个等边三角形，如图 3-3-22 左图所示。

图 3-3-22

下面来学习一下绘制五角星形。在"选项"对话框中设置样式为星形，边数是 5，星形顶点大小是 0.5，单击"确定"按钮。然后在舞台上按住鼠标左键拖曳，便得到一个五角星，如图 3-3-22 右图所示。

3.3.6 刷子工具

刷子工具可以用来绘制类似于毛笔作画的效果，也可以用它来填充所选对象的内部颜色。

在工具面板中选中刷子工具，这时属性面板上只有填充色选项而没有笔触选项，如图 3-3-23 所示。另外，这时也可以在此对线条的平滑度进行调整。

图 3-3-23

刷子工具对应的工具面板上有对象绘制、刷子模式、刷子大小、刷子形状和锁定填充选项，如图 3-3-24 所示。

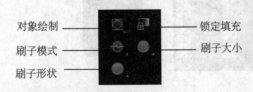

图 3-3-24

1. 关于对象绘制,我们已经在前面讲过了,值得注意的是,这个选项只有在刷子模式为"标准绘画"时才有效,在其他刷子模式下,对象绘制是不起作用的。

2. 刷子模式:单击刷子模式的按钮,即可打开刷子模式的下拉菜单,可以看到以下不同模式的选项,如图 3-3-25 所示。

图 3-3-25

标准绘画——直接可以涂抹的内容包括线条或者填充。

颜料填充——只可以覆盖已有图形的填充区域,边线不受影响。

后面绘画——只涂抹空白区域,填充区域和边线不受影响。

颜料选择——只能涂抹已经选择的区域,其他区域不受影响。

内部绘画——只涂抹开始使用刷子工具时所在的填充区域或者空白区域,边线不受影响。

3. 刷子大小:在该工具的下拉列表中,可以选择刷子大小。

4. 刷子形状:在工具的下拉列表中,选择刷子形状。

5. 锁定填充:选择了这个选项之后,当在使用渐变色或位图填充时,这一填充会扩展到整个舞台。

例如,我们选择了刷子工具后,打开工具面板上颜色区"填充色"的颜色面板,可以选择一个系统自带的线性渐变色。

同时选择选项区的"锁定填充"选项,选择"刷子模式"为"标准绘画",然后选择合适的刷子大小和形状,如图 3-3-26 所示。

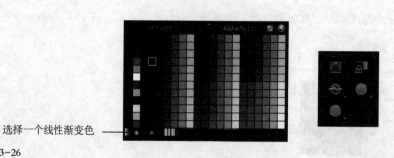

选择一个线性渐变色 ——

图 3-3-26

接在舞台上从左到右涂抹一条横线，在这条横线下方再从左到右分段涂抹三段横线，如图 3-3-27 左图所示，三段横线共同使用一个渐变填充。

在没有应用"锁定填充"选项时，同样的操作会有什么不同之处？通过观察可以发现，在不选择"渐变锁定"时，分三段涂抹的线条各自应用了渐变色，如图 3-3-27 右图所示。

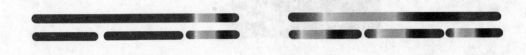

图 3-3-27

3.3.7 钢笔工具

钢笔工具可以用来绘制精确的路径，如直线和平滑的曲线。

1. 用钢笔工具绘制直线

在工具面板上选择钢笔工具，舞台右侧的属性面板与线条工具属性面板一样，可以设置相应的笔触颜色、笔触粗细和笔触样式等属性。在舞台上单击鼠标左键，确定直线的起始点，然后在另一位置单击鼠标左键，确定直线的另一点，这样一条直线便绘制出来了。再次在另一位置单击鼠标左键建立新的点，这一点与前一点又连成一条直线，经过多次的单击后，效果如图 3-3-28 所示。

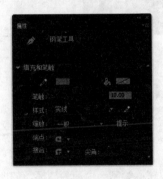

图 3-3-28

2. 用钢笔工具绘制曲线

在舞台上单击鼠标左键并沿曲线变化方向拖曳，将出现一个切线的手柄，然后在另一位置单击并拖曳，这时曲线便绘制完成了，如图 3-3-29 所示。我们可以通过调整切线的手柄长度或移动切线手柄的位置来调节曲线的高度和倾斜度。同时配合按住 Shift 键，曲线的倾斜度会以 45° 的倍数角度变化。

图 3-3-29

如果要停止钢笔工具的操作，在按住 Ctrl 键的同时，用鼠标左键单击工作区的其他位置，或者直接按 Esc 键。

3. 用钢笔工具精确绘图

在上一章讲述 Flash 工作环境的时候，我们已经对舞台上的标尺、网格和辅助线有了初步了解。在用钢笔绘图时，借助于这些视图工具，可以进行精确绘图。

在菜单栏单击"视图→标尺"，在舞台上显示标尺；选择"视图→网格→显示网格"，在舞台上显示网格；选择"视图→辅助线→显示辅助线"，如图 3-3-30 左图所示。接下来按照绘图的需要在舞台上设置辅助线，如图 3-3-30 右图所示。

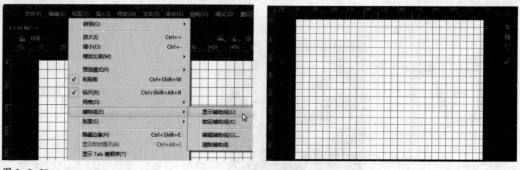

图 3-3-30

借助于设置好的辅助线，用钢笔工具可以精确绘制一个葡萄酒杯，如图 3-3-31 所示。

4. 增加和删除曲线的锚点

用钢笔工具可以增加曲线上的锚点。选择钢笔工具，将鼠标指针移动至曲线上，当钢笔指针边出现一个加号时，单击鼠标，即可在曲线上增加一个锚点，如图 3-3-32 所示。也可以通过选择工具面板上的钢笔工具，在弹出菜单中选择添加锚点工具 来添加曲线锚点。反之，选择删除锚点工具 ，单击曲线上的锚点即可删除锚点。

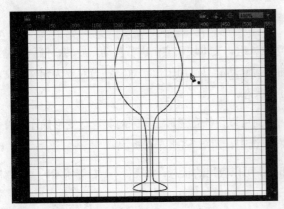

图 3-3-31

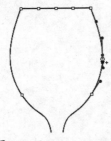

图 3-3-32

5. 设置钢笔工具的首选参数

在菜单栏选择"编辑→首选参数",在弹出面板的左栏选项中选择"绘画"选项,可以设置钢笔工具的参数,如图 3-3-33 所示。

图 3-3-33

如果勾选上"显示钢笔预览"选项,可以在单击线段终点前显示线段预览效果。

默认勾选上"接触感应选择和套索工具"选项,在使用选择工具或套索工具的时候,当选择对象绘制模式绘制的对象,只要选择对象的部分区域即可选中对象;取消该选项后,必须选择对象的整个范围才能选中对象。

3.4 任意变形工具

任意变形工具 ▦ 可以对工作区中的图形对象、组、文本块和实例进行移动、旋转、倾斜、缩放、扭曲和封套等变形操作。任意变形工具的扭曲和封套功能只适用于形状对象。当对象为元件、文本、位图和渐变时，这两种变形操作选项处于不可用状态。

在舞台上绘制一只唐老鸭作为形状对象，下面可以用任意变形工具来对其进行变形操作。首先，在工具面板上选择"任意变形工具"，然后将对象选中，如图 3-4-1 左图所示。

此时在工具面板的选项栏中，所有选项都处于可以应用的状态，如图 3-4-1 右图所示。

图 3-4-1

1. 贴紧至对象 ◉

在移动对象时，可选择这一选项来对齐对象。详见"选择工具"中的相关讲解，这里不再赘述。

2. 旋转与倾斜 ⬭

选中"旋转与倾斜"选项，对象周边便出现 8 个控制点。将鼠标指针放在对象边角上，使指针变为一个旋转符号，此时拖曳对象，便可将对象旋转，如图 3-4-2 左图所示。

旋转是围绕对象的中心点进行的，把中心点位置移动到更合适的位置，旋转便可以围绕新的中心点位置进行，如图 3-4-2 中图所示。

把鼠标指针放在边中心的控制点上，使指针变为倾斜符号，此时拖曳对象，可对对象进行倾斜操作，如图 3-4-2 右图所示。

图 3-4-2

3. 缩放 🔲

选中"缩放"选项，然后将鼠标指针放在对象的任意控制点上，当鼠标指针变为缩放符号时，拖曳对象，可缩放对象，如图3-4-3所示。

图 3-4-3

提示：按住 Alt 键，同时使用缩放功能，则以对象的中心点为中心对称缩放对象。按住 Shift 键可以对对象进行等比例缩放。

4. 扭曲 🔲

"扭曲"和"封套"选项不能对影片剪辑、图形和按钮进行操作，只能编辑绘制的图形对象或已打散的图片。选中"扭曲"选项，把鼠标指针放在对象的控制点上，当鼠标指针变为扭曲符号时，拖曳对象，可对对象进行具有透视效果的变形，如图3-4-4所示。

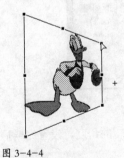

图 3-4-4

5. 封套 🔲

选中"封套"选项，舞台上已选中的对象将被一个包含控制点（方形）与切线手柄（圆点）的边框包围，如图3-4-5左图所示。

拖曳控制点或切线手柄，可以将对象自由变形，达到想要的效果后，在工作区的其他位置单击鼠标左键，即可取消封套选择，如图3-4-5右图所示。

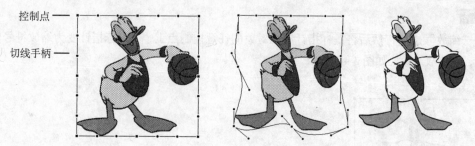

控制点 ——

切线手柄 ——

图 3-4-5

在"变形"菜单中单击"缩放和旋转"选项，如图 3-4-6 所示。

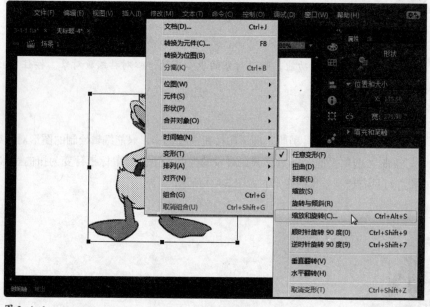

图 3-4-6

在弹出的"缩放和旋转"对话框中，可以精确设置缩放的倍数和旋转的角度，设置完毕后，单击"确定"按钮，完成变形操作，如图 3-4-7 所示。

图 3-4-7

在"变形"菜单中，我们还可以对对象执行"顺时针旋转"、"逆时针旋转"、"垂直翻转"、"水平翻转"命令，使对象变形。

3.5 墨水瓶工具

墨水瓶工具用来给对象添加轮廓，或者改变对象的线条颜色、笔触等属性。墨水瓶工具的属性面板内容与线条工具的属性设置一样，如图 3-5-1 左图所示。

对颜色、笔触进行设置之后，在对象边缘附近单击鼠标左键，对象就添加了轮廓，如图 3-5-1 右图所示。

图 3-5-1

我们还可以用墨水瓶工具改变对象上线条的属性。例如，我们在属性面板里将样式改为"虚线"，然后用墨水瓶工具单击所要改变的线条，新的线条属性就被应用到对象的轮廓上了，如图 3-5-2 所示。

图 3-5-2

使用同样的方法，我们还可以用墨水瓶工具改变线条的颜色、笔触高等属性。

3.6 颜料桶工具

在工具栏中选择"颜料桶工具" ，可以给对象填充颜色。

单击"颜料桶"工具，在弹出的颜色面板中选取颜色，然后在对象上需要填充的区域单击鼠标左键，颜色就被填充到对象的指定区域了，如图 3-6-1 所示。

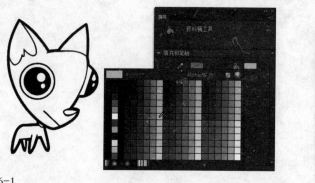

图 3-6-1

在工具栏的选项区与颜料桶工具相对应的选项有"空隙大小"和"锁定填充"，如图 3-6-2 所示。

图 3-6-2

选择一定的"空隙大小"，颜色填充便可以在相应的封闭区域进行。

不封闭空隙：只在完全封闭的区域进行颜色填充。

封闭小空隙：可以在空隙比较小的区域进行颜色填充。

封闭中等空隙：可以在空隙比较大的区域进行颜色填充。

封闭大空隙：可以在空隙很大的区域进行颜色填充。

我们可以选择不同的"空隙大小"来对不闭合的区域进行填充。如图 3-6-3 所示，卡通人物的脸轮廓区域是不闭合的，我们在工具面板的选项栏中选择"封闭大空隙"，单击卡通人物的脸部区域即可完成颜色填充。

"锁定填充"选项是在填充渐变色的时候所用的选项,在前面讲述刷子工具的时候已经讲解过"锁定填充"的概念,这里就不再赘述。

图 3-6-3

除了以上更换图形对象颜色的方法之外,Flash CC 新增了颜色实时预览功能,大大提高了创作的效率,具体操作如下。

选择舞台上已绘制好的图形,如图 3-6-4 所示,在属性面板中点击"笔触颜色"或"填充颜色",打开颜色面板,光标移动到任何一个色块,图形对象上立即显示该颜色效果,点击色块应用颜色。

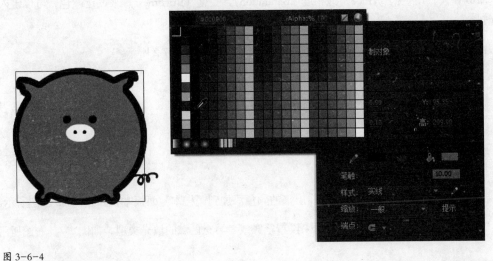

图 3-6-4

3.7 渐变色与填充变形工具

在 Flash CC 中可以对所选对象进行渐变填充,以此创造出更富有变化的填充效果。

在菜单栏的"窗口"菜单下勾选"颜色",在工作区的右上方会弹出一个"颜色"面板,为了把所有的项目显示出来,可以将颜色面板中的填充颜色设置成线性渐变,如图 3-7-1 所示。

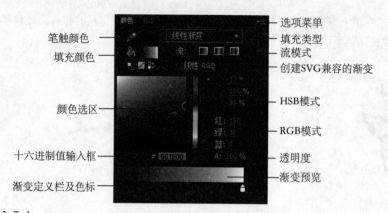

选项菜单
笔触颜色
线性渐变
填充类型
填充颜色
流模式
创建SVG兼容的渐变
HSB模式
颜色选区
RGB模式
十六进制值输入框
透明度
渐变预览
渐变定义栏及色标

图 3-7-1

渐变定义栏及色标：单击色标，色标的三角形呈黑色时，表示该色标被选中，此时面板上即会出现它对应的颜色的相关信息，渐变定义栏上最多可以有 15 个色标。

RGB 模式：用红（R）、绿（G）、蓝（B）三原色来设定颜色，每种颜色可以键入的数值范围为 0 至 255。

HSB 模式：用色相（Hue）、饱和度（Saturation）、亮度（Brightness）来设定颜色，可以键入的值为 0 到 100。

在“选项菜单”上单击，打开的菜单中有以下内容，如图 3-7-2 所示。

添加样本
帮助
关闭
关闭组

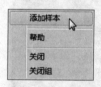

图 3-7-2

添加样本：将“颜色”面板上制作出来的颜色添加到“样本”面板中，如图 3-7-3 左图所示。

“颜色”面板上的“填充类型”用来设置笔触或者填充区域的填充类型，如图 3-7-3 右图所示。

添加的颜色样本
无
纯色
线性渐变
径向渐变
位图填充

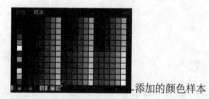

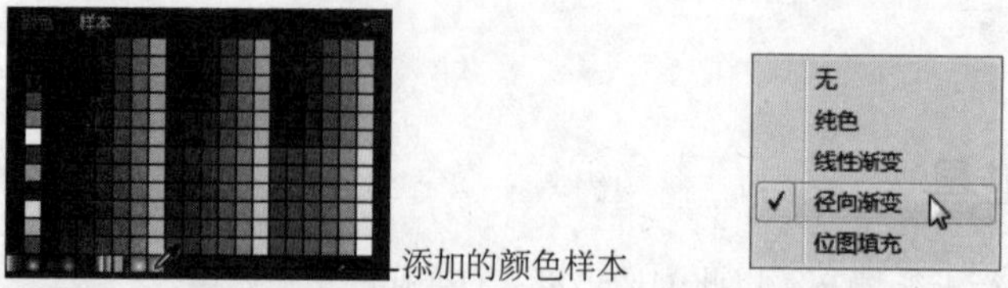

图 3-7-3

无：设置为没有颜色。

纯色：设置为单一颜色。

线性渐变：几种颜色之间的过渡，可以沿着垂直或者水平方向过渡。

径向渐变：几种颜色之间的过渡，可以从中心向边缘顺着同心圆分布。

位图填充：把位图作为填充内容。

"颜色"面板上的"流模式"设定超出渐变限制外的填充区域如何填充颜色，如图 3-7-4 所示。

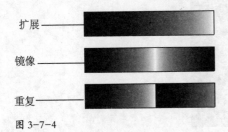

图 3-7-4

当我们使用填充变形工具限制了渐变填充区域时，会用到流模式，我们会在后面的课程中详细讲解。

3.7.1　应用线性和径向渐变

渐变是一种多色填充，即一种颜色逐渐过渡到另一种颜色。通常，它把两种或者两种以上的颜色混合起来。渐变分为两种，一种是线性渐变，另一种是放射状渐变，即径向渐变。通过这两种渐变方式，可以变化出各式各样的填充效果，甚至立体效果。

1. 线性渐变

线性渐变是沿一根轴线（水平或垂直）从一种颜色过渡到另一种颜色，可以在颜色面板中的下拉列表中选择"线性渐变"来进入线性渐变的设置面板，如图 3-7-5 所示。

图 3-7-5

默认情况下，系统会提供一个从白到黑的渐变色带，可以通过移动色标来改变颜色所在的位置和显示的长度。如果想添加一种新的过渡颜色，直接在色带之下单击即可。而要删除一个色标，用鼠标直接拖出色带范围就可以了。在 Flash 中可以在色带上添加多达 15 种颜色。

　　设置好渐变之后，使用形状工具或者刷子等工具进行创作的时候，渐变会直接体现出来，如图 3-7-6 所示。

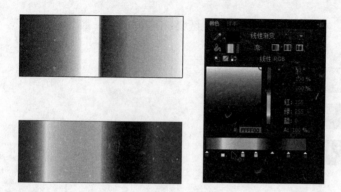

图 3-7-6

　　已经填充好的渐变图像，可以通过工具面板中的"渐变变形工具" ▣ 进行相应的变形及位移方面的操作。选择此工具后，单击渐变对象，会出现一些可调节的控制手柄。

　　渐变中间的白色圆点是填充中心，可以把鼠标放置到中心点上，当鼠标图标变为十字形式时拖动鼠标，可以把渐变移动到一个新的位置，如图 3-7-7 左图所示。

　　右侧中间的箭头手柄，可自由缩放线性渐变的宽度或者高度，比如缩放高度需要把渐变旋转 90°，如图 3-7-7 右图所示。

图 3-7-7

　　右上角的手柄为旋转手柄，拖动它可以改变线性渐变的角度，对其进行顺时针和逆时针的旋转操作，如图 3-7-8 所示。

图 3-7-8

线性渐变支持颜色透明，可以为渐变色设置不同的透明度，透明色在预览中会透出底部的网格纹。点击色标，在渐变预览区右上角的"A"属性中输入相应数值即可完成透明度设置，如图 3-7-9 所示圆形装饰图案设置了不同透明度的渐变色，透出底下的花纹显得非常华丽。

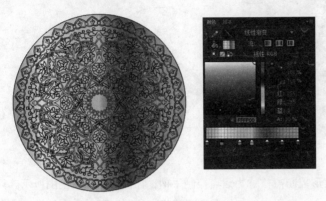

图 3-7-9

在 Flash 中，不但填充可以支持渐变，普通的线条也能够使用渐变。比如可以用铅笔绘制五颜六色的线条和轮廓，再比如在黑夜中绘制这些星星的光芒。以前需要把线条转换成填充才可以制作光线，现在不必了。平均加入三个色标，设置位于渐变色带中间的色标颜色透明度为 100%，两边为透明度为 0，就可直接绘制出这样的光线了，如图 3-7-10 所示。

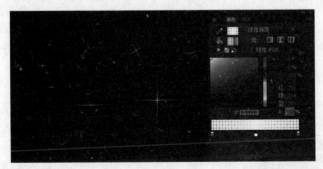

图 3-7-10

2. 径向渐变

在"类型"下拉菜单下选择径向渐变，就进入了径向渐变的设置面板，样式几乎和线性渐变一样。不过在使用"渐变变形工具"选择对象后会有所不同，这里出现了更多的控制手柄。

中间重叠的有两个：中心点控制手柄和焦点控制手柄。右侧紧挨着的三个，从上至下分别是用来调整渐变宽度、大小以及旋转角度的手柄，如图 3-7-11 左图所示。

中心点控制手柄用来调整径向渐变中心的位置。渐变中间的白色圆点为填充中心，当鼠标放在中心点上时，鼠标指针为十字箭头形状，表示可向任意方向移动。这时进行拖动，就能够改变渐变中心点到任意位置，如图 3-7-11 右图所示。

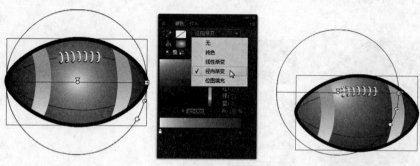

图 3-7-11

和中心点重叠在一起的倒置三角形控制点被称为焦点控制手柄，如图 3-7-12 左上图所示。只能在选择"径向渐变"后才能看到，这个手柄用来控制径向渐变的焦点位置。可以左右移动三角来查看颜色聚焦的位置，双击焦点控制手柄能复位焦点位置。

右侧第一个手柄用于控制渐变宽度，可以单独调节渐变的宽度而不改变其高度。如希望改变高度，可先对渐变进行 90° 的旋转，如图 3-7-12 右上图所示。

第二个手柄形状类似一个圆环，用来改变渐变的大小。和上面改变宽度所不同的是，它用于等比例缩放渐变的长和宽，如图 3-7-12 左下图所示。

第三个手柄用于旋转，通过它能调节渐变的方向和角度，如图 3-7-12 右下图所示。以上所讲的这些手柄既可以单独使用，也可以根据实际情况结合使用。如果能够综合运用这些手柄的各自特性，将会发挥更强大的功能。

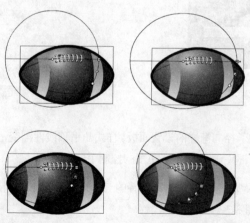

图 3-7-12

径向渐变同样也可以使用透明。下面我们来给橄榄球加个阴影效果，使橄榄球看起来更逼真。

设置径向渐变左边色标为黑色，透明度 100%；设置右边色标为白色，透明度为 0，这样我们就完成了一个从黑色过渡到透明白色的径向渐变。设置笔触颜色为无，选择椭圆工具，按住 Alt 和 Ctrl 键，在橄榄球下方绘制一个圆形，如图 3-7-13 所示。

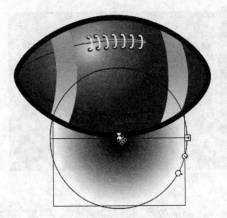

图 3-7-13

阴影应该是椭圆形，从橄榄球的底部慢慢减淡。我们可以通过渐变变形工具来调整阴影效果。选择渐变变形工具，先使用大小调整手柄缩小渐变到合适尺寸，再通过渐变宽度调整手柄拉伸渐变的宽度到合适位置，如图 3-7-14 所示。逼真的阴影效果就完成了。

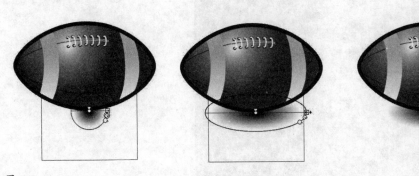

图 3-7-14

3.7.2　使用位图填充

在 Flash 中，填充物除了渐变以外，还有更高级的位图。位图填充常常用来做背景图案平铺。在"颜色"面板的"类型"列表中选择位图，然后当图片导入后，可以看到它被放置在"颜色"面板的下部。也可以导入多个图片，它们都会在面板下部以缩略图的形式罗列出来，填充时可根据需要选择使用，如图 3-7-15 左图所示。

　　选好图片后，可以使用任意填充工具绘画，此位图就自动填充了这个形状。这时选择"渐变变形工具"，单击已经填充的对象，图片的周围会出现一个蓝框，蓝框周围的多个控制手柄可以使用，如图 3-7-15 右图所示。

图 3-7-15

　　中间空心圆圈用来控制位图填充的位置，左下角为等比例缩放位图的控制手柄，左边的是控制位图宽度的手柄，底部的手柄控制位图的高度，上部手柄和右侧手柄分别控制位图的水平倾斜度和垂直倾斜度，右上角手柄控制位图的旋转角度。通过它们的调整可改变填充位图的形状，甚至可以调出空间透视的效果，如图 3-7-16 所示。双击蓝色框的中心点可以取消位图变形。

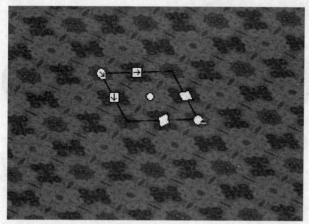

图 3-7-16

　　通过以上的学习可以了解到，渐变和位图可以应用线条、填充和形状。这样会提供更大的设计空间，合理使用这些特性，可以完成丰富多彩的填充对象。

3.7.3　渐变流设置

渐变的流设置中有 3 种流样式，它们分别是："扩展颜色"、"反射颜色"和"重复颜色"。只有在"线性渐变"和"径向渐变"的情况下，流设置才会出现。图标表现为 3 种不同样式的黑白渐变色带，如图 3-7-17 所示。

图 3-7-17　渐变流设置

1. 3种流设置

在渐变之外，颜色如何应用由流的模式来决定。流的方式是指当使用的颜色超出了渐变的范围，会以何种方式填充空余的区域。更通俗来讲，就是在渐变后未填满的某个形状区域如何处理。

第一种流模式是"扩展颜色"，也是默认模式。正常情况下，流的效果不容易较直观地表现出来，因此为了更好地理解各种流方式的效果，当绘制了一个基本的渐变后，首先利用"渐变变形工具"缩小该渐变的宽度。可以观察到，当渐变缩小到相应的大小后，渐变的起始色（黄）和结束色（绿）以纯色方式向两边蔓延开来，填充了空余的对象区域，如图 3-7-18 所示。

图 3-7-18

第二个流模式是"反射颜色"，为了更好地观察效果，首先把渐变的宽度缩放到一定的程度。它是把现有这一段渐变进行对称翻转，合并后再重复地延续下去，这时这一段渐变便作为图案平铺在空余的形状区域里。假如对象被拉大，那么此图案也会随它的范围大小伸展重复下去，如图 3-7-19 左图所示。

第三种模式为"重复颜色"流模式，它和"反射颜色"模式十分类似。两者的差异表现在，"重复颜色"模式缺了一个对称翻转的步骤，它直接把这一段渐变当成图案平铺在整个填充对象的所有区域，而其他的特性和"反射颜色"流是完全一样的。通过把三种模式放在一起比较可以发现，在"反射颜色"模式下，渐变的过渡会比"重复颜色"更加流畅，不存在断裂切面的情况，如图 3-7-19 右图所示。

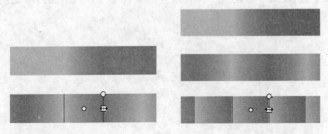

图 3-7-19

2. 渐变流的动画效果

流设置可以在"线性渐变"和"径向渐变"上使用。接下来，让我们利用流模式对渐变无限重复的特性来制作一个动画。在"颜色"中，创建一个蓝白相间的"径向渐变"，选择流模式为"反射颜色"，使用椭圆工具绘制出一个圆，如图 3-7-20 所示。

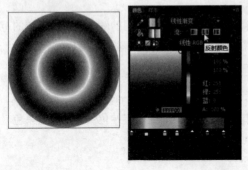

图 3-7-20

在时间轴第 24 帧插入关键帧，右键单击第 1 帧到 24 帧中任一帧，在弹出的菜单中选择"创建补间形状"。

为了使画面动起来，将鼠标移至 24 帧处，使用"渐变变形工具"往内部拖动缩放手柄，把此渐变缩小。因为已设置了"反射颜色"流模式，所以这时看到此渐变对称翻转后，头尾相接被铺满了整个形状，而且出现的白色光环是连绵不断的。按快捷键 Ctrl+Enter 预览动画，这时产生的动画效果是，渐变收缩产生连贯的光环，如图 3-7-21 左图所示。

当然也可以扩展一下思路，例如变更一下渐变的位置和焦点来产生更丰富的效果。这里，只随便地调整了一些手柄，就可以看到渐变光环产生了类似时光隧道的感觉，如图 3-7-21 右图所示。

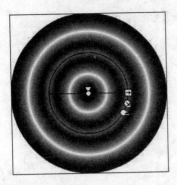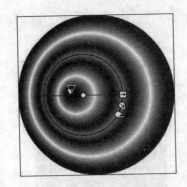

图 3-7-21

通过以上的小例子，可以更深入地了解流选项的概念，重要的是能够更准确灵活地去应用它们了。

3.8 滴管工具

滴管工具 可以快速获取对象的填充颜色或线条颜色等相关属性信息。

3.8.1 滴管工具与笔触

滴管工具拾取笔触颜色等相关属性时，将鼠标指针移动到目标线条上，鼠标指针为滴管和空心矩形图标，如图 3-8-1 左图所示。

单击线条，这时就拾取了笔触的颜色、粗细和样式等相关属性（见属性面板），同时鼠标指针变为黑色小箭头和墨水瓶的图标。工具面板上显示应用墨水瓶工具，如图 3-8-1 右图所示。

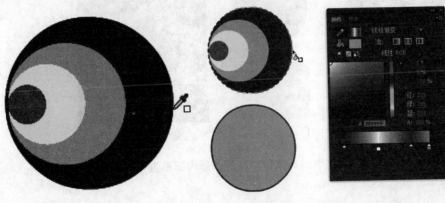

图 3-8-1

单击下面的灰色圆圈的轮廓线，这时所拾取的笔触属性便被复制应用了，如图 3-8-2 所示。

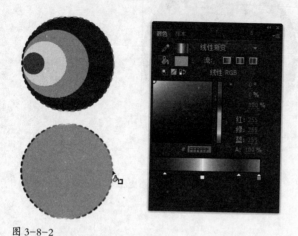

图 3-8-2

3.8.2 滴管工具与填充

用滴管工具拾取填充区域的颜色时，把鼠标指针移动到目标区域上，鼠标指针变为滴管和黑色矩形，如图 3-8-3 左图所示。

单击目标区，便可拾取目标区域的颜色（见属性面板），此时鼠标指针变为颜料桶。工具面板上显示选择应用颜料桶工具，如图 3-8-3 右图所示。注意，此时的颜料桶处于锁定填充状态。

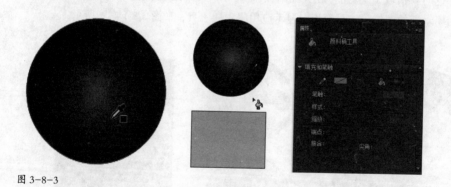

图 3-8-3

在颜料桶工具为锁定填充状态时，在下部的灰色矩形内部单击，我们所拾取的渐变色的部分颜色过渡到矩形中，如图 3-8-4 左图所示。

如果在选择了渐变色之后，在工具面板的颜料桶相关选项里取消"锁定填充" 状态，然后进行填充，则所拾取的渐变色被完整复制填充，如图 3-8-4 右图所示。

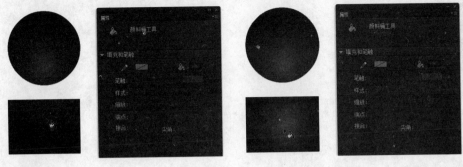

图 3-8-4

3.9 橡皮擦工具

橡皮擦工具用来擦除可删除的笔触颜色或者填充颜色。在工具面板选择橡皮擦工具 ，在选项栏可以看到这个工具的相关选项，如图 3-9-1 所示。

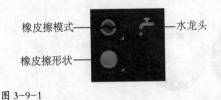

图 3-9-1

3.9.1 橡皮擦形状

打开"橡皮擦形状"下拉选项，我们看到分别有 5 种尺寸的圆形和方形的橡皮擦形状，如图 3-9-2 所示。可以根据需要选择一个合适的橡皮擦形状和大小，以便进行擦除操作。

图 3-9-2

3.9.2 橡皮擦模式

"橡皮擦模式"是用来设定橡皮擦工具的擦除模式的。打开该下拉选项，可以看到 5 种擦除模式，如图 3-9-3 所示。

图 3-9-3

标准擦除：擦除工作区上的任意笔触和填充区域的内容。

擦除填色：只擦除填充区域，对笔触无影响。

擦除线条：只擦除笔触，对填充无影响。

擦除所选填充：只擦除被选中的填充，对笔触及未被选取的填充部分无影响。

内部擦除：从填充区域内部开始擦除填充，如果试图从填充区域外部开始拖动橡皮擦来擦除，则不会擦除任何内容，对笔触不影响。

下面我们来观察一下不同擦除模式的效果，如图 3-9-4 所示。

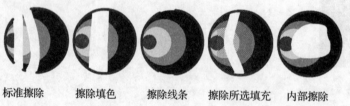

标准擦除　　　擦除填色　　　擦除线条　　　擦除所选填充　　　内部擦除

图 3-9-4

3.9.3　水龙头

选中橡皮擦工具时，选项区的"水龙头"选项用来快速擦除所选笔触或者填充。选择"水龙头"选项，单击所要擦除的笔触或者填充，即可完成区域性擦除，如图 3-9-5 所示。

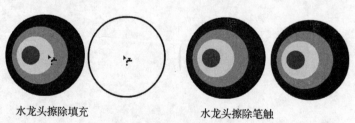

水龙头擦除填充　　　　　　　　水龙头擦除笔触

图 3-9-5

提示：在工具面板上双击"橡皮擦工具"，可快速删除工作区上的所有对象。

文本编辑 4

学习要点

- 掌握文本的特性和应用
- 掌握三种文本类型的特点
- 掌握字符和段落的设置
- 掌握创建文本链接和变换文本
- 掌握文本分离的功能
- 掌握制作滚动文本

4.1 文本工具

Flash 提供了两种文本引擎，分别是 Text Layout Framework（TLF）文本和传统文本。TLF 文本是从 Flash CS5 开始新增的文本引擎，TLF 支持更多丰富的文本布局功能和对文本属性的精细控制。传统文本是 Flash 早期的文本引擎。发布时，TLF 文本对象依赖于特定的 TLF ActionScript 共享库，而传统文本没有此依赖，发布的作品体积小，更适合于在移动设备上应用，因此 Flash CC 弃用了 TLF 文本引擎，只提供传统文本。如果需要对文本进行更精细化的控制，建议在 Flash CS6 中进行编辑。

在工具面板上选择"文本工具" T 即可在舞台上输入文本，舞台右侧属性面板中会显示该工具的详细属性。我们来尝试输入文本，体验一下 Flash CC 的文本处理功能。点击文本工具，光标会变成"十"字右下角带个"T"的形状，在舞台上点击即可输入文本，此时输入的文本为单行文本，如图 4-1-1 左图所示；也可在舞台上拖动光标绘制出一个文本框，文字输入到文本框边界时会自动换行，如图 4-1-1 右图所示。

图 4-1-1

4.2 传统文本的使用

点击文本工具，在舞台上输入文字，舞台右侧的属性面板如图 4-2-1 所示。

文本类型 ——————————————— 改变文本方向
位置和大小
字符
段落
超链接设置
滤镜

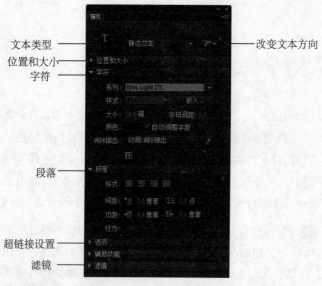

图 4-2-1

Flash CC 提供了许多种处理文本的方法。例如，可以水平或垂直放置文本；设置字体、大小、样式、颜色和行距等属性；检查拼写；对文本进行旋转、倾斜或翻转等变形；链接文本；使文本可选择；使文本具有动画效果；控制字体替换；使用 HTML 标签和属性等，下面我们一起来了解一下文本工具的具体功能。

4.2.1 传统文本类型

在 Flash 中，点击文本工具面板的文本类型下拉框，如图 4-2-2 所示。传统文本提供了 3 种类型，它们所应用的范围各有不同。

图 4-2-2

静态文本：该类型主要用于显示静止不变的文字，比如用于排版、艺术字，等等。该类型灵活性很大，可以创建各种文字特效，可以任意缩放、旋转、扭曲等。

动态文本：该类型主要用来保存运行时计算或调整输入的内容，常见的有外部数据源以及需动态更新的文字、数值等。比如仪表、天气预报数据和球赛比分等。

输入文本：该类型主要用于在支付时由用户来输入文本。一般用来验证用户真实性和获取用户数据，比如输入用户名和密码、回答问题、填写表格等。

Flash 在每个文本字段的一角显示一个手柄，用以标识文本字段的类型。

对于扩展的静态水平文本，会在该文本段的右上角出现一个圆形手柄，如图 4-2-3 所示。

对具有固定宽度的静态水平文本，会在该文本字段的右上角出现一个方形手柄，如图 4-3-5 所示。

图 4-2-3

图 4-2-4

编辑静态文本对象时，我们还可以通过"改变文字方向"按钮 来设置文字的增长方向，如图 4-2-5 所示。默认文字方向为"水平"，文字从左到右输入；也可设置成"垂直"，文字方向从上到下，从右到左增长；或者设置成"垂直，从左向右"，文字增长方向为从上到下，从左到右。这个选项对于一些外语的编辑很有好处。

图 4-2-5

对于自动扩展的动态文本或输入文本，会在该文本段的右下角出现一个圆形手柄，如图 4-2-6 左图所示。

对于固定宽度的动态文本或输入文本，会在该文本段的右下角出现一个方形手柄，如图 4-2-6 右图所示。

图 4-2-6

在取消动态文本或输入文本编辑的状态下，文本区域会显示一个虚线框，如图 4-2-7 所示。

图 4-2-7

文本对象的类型可以互相转换，只需选择要转换的文本对象，在文本属性面板中选择要转换的文本类型即可。

4.2.2　字符属性设置

文本工具属性面板中的"字符"栏是一个常用的文字编辑选项，它的主要设置对象为单个或成组字符的属性，包括对字体的系列、样式、嵌入方式、大小、字距和颜色的设置，还有锯齿的调整、文本的可选属性、HTML、文本边框，以及字符上标和下标设置。

我们可以通过文本工具面板的"字符"属性对即将创建的文本样式进行设置，也可以更改已创建的文本对象的样式，如图 4-2-8 所示。

图 4-2-8

与 Word 或其他文本编辑器相似，系列和样式用来设置文本的字体，根据字体提供的样式设置粗体斜体等。

大小、行距、颜色都属常规的字符样式设置，在静态文本中，可单独为文本中的字符设置不同的字体样式。需要注意的是，字符大小以磅为单位；字母间距调整是所选字符之间的间距，以点为单位。

要修改该文本框内全部文字的属性，首先要选择这些文字，有 4 种方法：1. 在文本框中圈选文字。2. 双击文本框内部。3. 单击文本框内部，然后按快捷键 Ctrl+A 全选文字。4. 使用选择工具点击文本框。

如图 4-2-9 所示，用选择工具选择静态文本框，对整个文本框对象进行全局设置，设置字体系列为"Eras Demi ITC"，大小为 18，字母间距为 0，颜色为橙色。Flash CC 中字符颜色面板也同样支持实时预览功能，鼠标悬停在颜色面板中的色块上，即可实时预览文本颜色的效果。

图 4-2-9

用文本工具选择"Flash Professional CC"字符，设置字体大小 30，颜色为黑色，字距调整为 0，如图 4-2-10 所示。静态文本可单独对段落中的特定字符设置样式，而动态文本和输入文本只能设置全局属性。

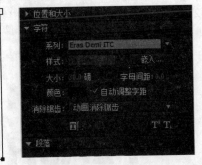

图 4-2-10

消除锯齿是优化文本视觉效果的设置，此功能可以使屏幕文本的边缘变得平滑。对于呈现较小的字体非常有效。传统文本消除锯齿功能提供了 5 种选择，如图 4-2-11 所示。

图 4-2-11

• 使用设备字体：指定 SWF 文件使用本地计算机上安装的字体来显示字体，此选项不会增加 SWF 文件的大小。但是，它要求用户的计算机上已安装同样的字体。使用设备字体时，应选择最常安装的字体系列。

• 位图文本（无消除锯齿）：关闭消除锯齿功能，不对文本进行平滑处理。文本边缘尖锐，由于在 SWF 文件中嵌入了字体轮廓，因此增加了 SWF 文件的大小。位图文本的大小与导出大小相同时，文本比较清晰，但对位图文本缩放后，文本显示效果比较差。

• 动画消除锯齿：通过忽略对齐方式和字距微调信息来创建更平滑的动画。此选项因为嵌入了字体轮廓而导致创建的 SWF 文件较大。为提高清晰度，字体大小应大于 10 点。

• 可读性消除锯齿：使用 Flash 文本呈现引擎来改进字体的清晰度，特别是较小字体的清晰度，此选项同样会嵌入字体轮廓，这会导致创建的 SWF 文件较大。使用此选项，必须发布到 Flash Player 8 以上版本。如果要对文本设置动画效果，要使用"动画消除锯齿"。

• 自定义消除锯齿：使用"清晰度"指定文本边缘与背景之间的过渡的平滑度。使用"粗细"可以指定字体消除锯齿转变显示的粗细。指定"自定义消除 锯齿"会导致创建的 SWF 文件较大，因为嵌入了字体轮廓。

我们分别对相同的文本设置不同的"消除锯齿"模式，以此对比这几种模式之间的区别，如图 4-2-12 所示。

图 4-2-12

当文本类型是输入文本时，用户有可能进行编辑或输入文字，发布 Flash 作品时系统会提示应嵌入使用的字体，否则用户无法正常输入文本，如图 4-2-13 所示。

图 4-2-13

我们可以通过点击字符面板上的"嵌入"按钮 嵌入... 来嵌入完整的字符集，以便用户正常输入或编辑输入框中的文本。点击"嵌入"按钮，进入字体嵌入设置，如图 4-2-14 所示，给嵌入的字体设置名称，如果把字体全部导入 Flash，会增加 SWF 文件的大小。这里我们可以根据需求选择导入部分字符，最大程度减小文件的体积。如果选择的字符范围还不足以使用，可以在"还包含这些字符"中输入特定的字符以满足文本需要。

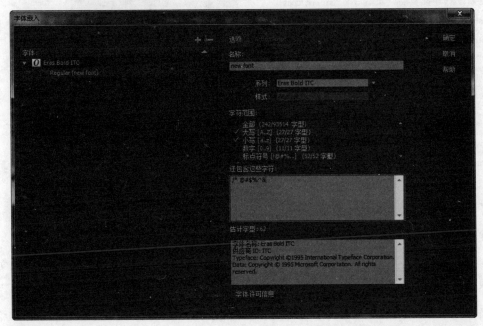

图 4-2-14

可选：设置文本对象发布后是否可选择，是否支持复制到剪贴板功能。

将文本呈现为 HTML：静态文本类型不支持，动态文本和输入文本支持将文本呈现为 HTML。使用动态文本，通过 ActionScript 语言把 HTML 代码输出到动态文本的"htmlText"属性中，动态文本就会自动解析 HTML 代码并呈现出来。

▤ 在文本周周显示边框：静态文本不支持此属性，点击该按钮，动态文本和输入文本会显示一个黑色的边框。

T² T₂ 上标和下标：上标将字符移动到稍微高于标准线的上方并缩小字符大小。下标将字符移动到稍微低于标准线的下方并缩小字符，上标和下标用于编辑类似"TM"或"®"的文本。

4.2.3 段落文本设置

"段落"栏主要设置段落文本的对齐方式、文本缩进、行距、边距以及对动态文本和输入文本换行行为的控制。

使用文本工具，点住鼠标左键在舞台上拖动，绘制出文本区域，并输入几段文本，如图 4-2-15 所示，我们通过具体操作来熟悉段落属性的设置。

图 4-2-15

格式：提供了文本段落的 4 种对齐方式，分别为左对齐、居中对齐、右对齐和两端对齐。

间距：第一个为段落文本的缩进，静态文本只能缩进所有段落，如图 4-2-16 所示，而动态文本和输入文本可对每个段落进行缩进，如图 4-2-17 所示。

操作小提示：点击缩进的黄色文字输入缩进距离，也可以通过把鼠标悬停在黄色文字上方点住并左右移动来输入数值。光标悬停在数值文字上方时，会变成带左右箭头的手形图标，点住文字光标变为左右箭头，向左移动，数值减小，向右移动，数值增大，所有属性面板中的数值输入均支持此操作。

图 4-2-16

图 4-2-17

行距：用来控制段落中行之间的距离。

边距：设置文本框中的文本离文本框两边的距离。

行为：用来控制动态文本和输入文本的换行行为，以及输入文本的字符表现形式。如图 4-2-18 左图所示，动态文本有 3 种换行行为，分别是"单行"、"多行"和"多行不换行"；输入文本多了一个"密码"选项，如图 4-2-18 右图所示。

图 4-2-18

单行：设置动态文本或输入文本为单行，不管输入多少段文字都只呈现一行，超出文本框范围的部分不显示。

多行：文本会按段落自动换行。

多行不换行：文本区域第一段为一行，不换行，超出文本框范围的部分不显示。

密码：文本区域呈现一行，所有字符以"*"代替，通常用于制作输入密码的输入框。

4.3 文本其他操作

4.3.1 创建文本超链接

我们可以通过文本属性面板的"选项"栏为文本对象或文本中的某个字符添加超链接，具体操作如下。

1. 新建 Flash 文档，使用文本工具，在属性面板中设置文本类型为"静态文本"，设置文本的字体、大小和颜色，在舞台上输入文字"Flash Professional CC"，如图 4-3-1 所示。

Flash Professional CC

图 4-3-1

2. 使用文本工具选择"Flash"字符，打开文本工具的属性面板，在"选项"栏中的"链接"输入框中输入要链接的网址，如"http://www.adobe.com"；在"目标"下拉选项中选择"_blank"，如图 4-3-2 所示。

Flash Professional CC

图 4-3-2

3. 设置成功后，链接文本会有一条下划线，表示该文本为超链接，如图 4-3-3 左图所示。

4．按快捷键 Ctrl+Enter 发布影片，鼠标移到"Flash"文字上时光标会变成手形，点击即可在浏览器中打开链接地址，如图 4-3-3 右图所示。

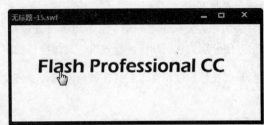

图 4-3-3

4.3.2　文本变形

使用任意变形工具 ▩ 可以对文本对象进行绽放、旋转、倾斜和翻转操作，变换后的文本对象仍然可编辑。如图 4-3-4 所示，使用任意变形工具点选文本对象，文本对象会出现 8 个锚点。

图 4-3-4

鼠标移到各端点对应相应变形操作，移动到 4 个角的锚点时可进行旋转和缩放操作，移动到边线的中心点时可以对文本对象进行水平倾斜和重直倾斜操作，如图 4-3-5 所示。

图 4-3-5

4.3.3 分离文本

文本通常以一行或一个段落的整体出现，如果制作逐字的动画会比较困难，一个字建立一个文本对象太麻烦，因此 Flash 给我们提供了文本分离功能。文本分离功能可以快速地把每个字符从一个文本整体中分离出来，分离出来的单个文本对象可继续执行分离命令，把字符转换成图形元件或电影剪辑，然后方便分别为它们制作动画效果，具体操作如下。

1. 新建 Flash 文档，使用文本工具在舞台上输入一行文本，如图 4-3-6 所示。

图 4-3-6

2. 在工具面板上点击"选择工具" ![选择工具] 退出文本编辑模式，选择文本对象，执行菜单命令"修改→分离"，或按快捷键 Ctrl+B，如图 4-3-7 所示。

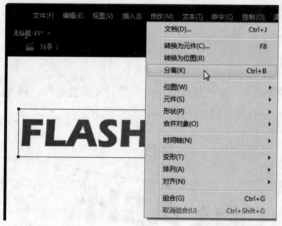

图 4-3-7

3. 分离成功后，文本对象中的每个字符变成了一个个独立的文本对象，如图 4-3-8 所示。

图 4-3-8

4．可以继续执行分离命令，把文本对象转换为图形对象。

4.3.4　创建滚动文本

滚动文本是在有限的显示范围内显示更多内容的一种常用方式。特别在用 Flash 制作网页的时候经常用到。前面几章介绍了文字及段落，接下来我们运用这些知识来制作滚动文本。

1．新建 Flash 文档，按快捷键 Ctrl+R 导入一张背景图到舞台，在属性面板中，点击"编辑文档属性"扳手按钮，设置"舞台大小"和"匹配内容"，如图 4-3-9 所示。

图 4-3-9

2．使用文本工具在舞台上圈出一个文本框，输入本页的主标题和副标题，如图 4-3-10 所示。

图 4-3-10

3．使用文本工具，选择动态文本类型，设置文字大小为 18，颜色为白色。在标题的下方，拉出一个文本框，作为正文的显示区域，在其中输入正文内容。当正文内容超出文本框时，高度会自动增长，如图 4-3-11 所示。

图 4-3-11

4．设置文本的行距为 2.0，右边距为 20 像素，如图 4-3-12 所示。文本内容超出了舞台边界。

图 4-3-12

5．选择"窗口→组件"或使用快捷键 Ctrl+F7 打开组件面板。找到 UIScrollBar 组件，拉到舞台中，再把该组件拉到文本框右侧边线，UIScrollBar 组件会自动吸附在文本框右侧，变成该文本框的滚动条，如图 4-3-13 所示。

6．滚动条自动匹配成功后会自动为动态文本框分配一个实例名称，点击滚动条，在属性面板的组件参数中，自动绑定了该文本框的实例名称，如图 4-3-14 所示。

图 4-3-13

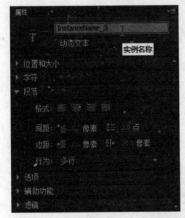

文本对象实例名称

滚动条组件绑定文本框实例名称

图 4-3-14

7. 使用选择工具，选择文本框对象，在属性面板中设置文本框的高度为 210，如图 4-3-15 所示。超出文本框区域的文本自动隐藏，隐藏的部分正是我们要通过滚动条滚动查看的内容。

8. 选择滚动条组件，在属性面板的位置和大小栏中，点击链条图标 🔗，将组件宽度和高度锁定解开，设置高为 210，宽为 15，拖动滚动条到文本框右侧并吸附在一起，如图 4-3-16 所示。

9. 按下快捷键 Ctrl+S 保存文本，按下快捷键 Ctrl+Enter 测试影片，最终效果如图 4-3-17 所示。拖动滚动条滑块可查看更多文本内容。

图 4-3-15

图 4-3-16

图 4-3-17

处理图形对象 5

学习要点

- 掌握对象的种类
- 掌握对象的排列和对齐操作
- 掌握文本对象到图形对象的转换
- 掌握位图对象的处理

5.1　对象的种类介绍

在前面的章节中，我们对 Flash 绘图工具的使用进行了介绍，我们把绘图工具绘制出来的图形称为图形对象。在 Flash 里所有用到的素材，也都可以称为对象，总体来说，Flash 对象可分为以下几类：图形、位图、组合、文本和元件。

这里所说的对象与 Flash 中 ActionScript 的对象是两个不同的概念。这里的对象是指所有看得到的图形或文本，而 ActionScript 对象是 ActionScript 编程语言的一部分。

5.1.1　图形

图形是 Flash 中最经常用到的一种对象，一般所说的矢量图就是指图形对象。通过绘图工具绘制出的图都叫图形，图形一般分为轮廓和填充两部分，可以根据需要，简单地对每部分属性做出修改和调整。如图 5-1-1 所示，可以对猫的轮廓曲线进行调整。

图 5-1-1

在工作区中，如果选中一个在合并绘制模式下绘制的图形对象，那么在属性面板中，可以看到它的属性是形状，而在对象绘制模式下绘制的图形对象，在属性面板中显示为绘制对象。用户能够方便地通过属性面板，对该图形的轮廓和填充作出调整，例如修改轮廓的线条粗细，修改填充颜色等。图 5-1-2 所示为修改了对象的填充颜色。

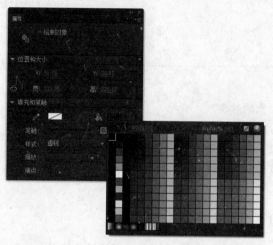

图 5-1-2

5.1.2　组合

通常图形对象都由好几部分图形拼接或叠加而成。如果修改好某个图形后，不需要再对它的细节进行修改，而只是对它的大小和位置进行调整，那么就可以将其图形对象的轮廓和填充属性组合成一个整体，或把多个图形对象组合成一个整体。对组合的操作就是对这个整体的统一操作。

例如，在猫的例子中，我们使用选择工具选中左边的整只猫的各部分图形，然后选择菜单命令"修改→组合"，再次选择时，猫已经作为一个整体对象了。此时，可以随便选中该图形的任意部分，将它自由移动。

提示：在选中要组合的图形对象后，可以使用快捷键 Ctrl+G 来实现组合。取消组合可以通过"修改"菜单下的"分离"命令来恢复到原来的图形对象，其快捷键为 Ctrl+B。

当一个对象变为组合对象后，选中该对象，在属性面板中就会出现它的属性。对象旁边名称显示的是"组"，如图 5-1-3 所示。

图 5-1-3

5.1.3　文本

　　文本对象在前面一章已经介绍过，可以通过文本工具在舞台上输入文字。在输入完成后，还可以对文字内容进行编辑，在文本属性面板中，可以对文字的大小、颜色和字体等属性进行相应的调整。

　　在使用文本工具输入文本后，还可以把它转换为图形对象，然后对这个文本图形进行各种特效应用，这样可以制作出各种效果的文字，在以后相应的章节中我们再详细介绍其具体做法。

5.1.4　位图

　　在 Flash 中不仅仅能使用矢量图，还能使用位图。所谓位图就是由像素组合而成的图像，例如我们拍的照片就是位图的典型例子。由于位图获取容易，在 Flash 创作中，常常将位图作为主要素材。

　　注意，位图在缩放后会失真的，因此在使用位图时，尽量根据最终作品的发布尺寸来决定导入位图的大小。导入位图后，最好不要对它进行缩放。如图 5-1-4 所示，选中位图对象后，在属性面板中便可以显示位图的属性。

图 5-1-4

也可以对位图进行组合，将位图对象转换为组合对象。而且，还可以把位图转换为矢量图。关于位图对象的转换，将在本书相关章节进行详细介绍。

5.1.5　元件

元件是 Flash 中一个重要的概念，它是制作 Flash 动画和进行 Flash 编程经常用到的元素。我们可以把 Flash 元件当作是一个主对象或特征，我们只要创建一次，便可在影片中多次使用，而每次被调用的元件称为该元件的实例，即元件的一个副本。

Flash CC 提供 3 种类型的元件：图形元件、按钮元件和影片剪辑元件。关于元件的概念我们将在以后相关章节进行专门讲解。

5.2　对象的排列与对齐

在 Flash 的创作中，总是需要使用多个对象。一般来说，几个对象重叠在一起的时候，先绘制的对象在底层，后绘制的对象在顶层。有的时候，我们需要修改它们的排列顺序。在创作的时候，还会碰到这样的情况，需要把多个对象进行合理的排列对齐，如果靠手工调节，效率是很低又不精准。为此，Flash 提供了丰富的对象排列和对齐的功能，下面分别进行介绍。

5.2.1　对象的排列

我们通过小熊"Pooh"徽标制作来说明如何排列对象，如图 5-2-1 所示。我们先后在 Flash 中导入 3 个素材，第一个是蓝色圆形背景，第二个是小熊，第三个是带"pooh"文字的图形，3 个图形是已组合好的对象，这样互相重叠后不会产生相互的切割。把它们排列在一起后，按导入的先后顺序，蓝色圆形背景在底层，小熊在中间，文字在最上。我们可以通过"修改→排列"命令下面的子命令来修改对象排列的顺序；或右击相应对象，在弹出的菜单中选择"排列"，通过子菜单来操作。

图 5-2-1

1. 移至顶层

选中小熊，然后选择"修改→排列→移至顶层"命令，就可以把这个小熊移到最顶层，如图

5-2-2 所示。这时的顺序是，小熊在最顶层，文字在中间，蓝色圆形背景顺序不变。

图 5-2-2

2. 上移一层

选中蓝色圆形背景，选择"修改→排列→上移一层"，蓝色圆形背景会移动到上一层盖住文字图形，而在小熊之下，如图 5-2-3 所示。

图 5-2-3

3. 下移一层

右键单击小熊，在弹出菜单中选择"排列→下移一层"，小熊移到了蓝色圆形背景之下，如图 5-2-4 所示。

图 5-2-4

4. 移至底层

　　右键单击蓝色圆形背景，在弹出菜单中选择"排列→移至底层"，蓝色背景跨过小熊和文字移到了最底层，如图 5-2-5 所示。

图 5-2-5

5. 锁定

　　选中工作区上的一个对象，然后选择"修改→排列→锁定"，可锁定此对象。锁定对象后，该对象不仅仅不能参加排列，也无法通过选择工具选取，这时该对象将处于不可编辑状态。

6. 解除全部锁定

　　由于对象锁定后，无法再选择此对象。只有使用"解除所有锁定"命令或者直接使用快捷键 Shift+Ctrl+Alt+L，才能解除所有对象的锁定。

5.2.2　对象的对齐

　　在 Flash 制作中，会频繁用到对象对齐操作，Flash 提供了专门用于对齐的面板，打开"窗口→对齐"命令，或直接单击舞台右侧的对齐面板图标█，即可调出对齐面板。运用对齐命令，不仅能完成对象的对齐，还可以将对象进行多种平均分布。

1. 对象的对齐

　　我们可以通过"对齐"面板使对象沿水平或垂直轴对齐，沿选定对象的右边缘、中心或左边缘垂直对齐，或者沿选定对象的上边缘、中心或下边缘水平对齐对象。如图 5-2-6 所示，我们通过对 4 个小人进行各种对齐操作来体验对齐面板的使用。

图 5-2-6

使用"选择工具"全部选中 4 个小人，单击对齐面板图标 ，单击对齐面板的左对齐图标，如图 5-2-7 所示。

图 5-2-7

可以看到 4 个小人会按照左侧对齐的方式排列起来，而且以最左侧的小人为参照物，如图 5-2-8 所示。

图 5-2-8

按快捷键 Ctrl+Z 一直恢复到原始状态，然后选择"水平中齐"按钮，4 个小人会中间对齐，而且对齐到 4 个小人的中间位置，如图 5-2-9 所示。

图 5-2-9

按快捷键 Ctrl+Z 一直恢复到原始状态，然后选择"右对齐"按钮，4 个小人会向右对齐，而且以最右边的小人为参照物，如图 5-2-10 所示。

图 5-2-10

理解了刚才 3 个水平对齐方式后，对垂直对齐的 3 种方式也比较容易理解，这里就不再赘述。

2. 对象的分布

分布是指几个对象按等距离平均分布，如果只有两个对象，则它们两者之间的距离是一样的，所以两个对象不存在分布问题。如果使用分布功能，则一定要 3 个对象以上。如果 A、B、C 3 个物体按照顶部分布平均分布，则可以这样理解，A 的顶部水平线到 B 的顶部水平线的距离为 AB，B 的顶部水平线到 C 的顶部水平线有一个距离 BC，假设 AB>BC，如果使用顶部分布，则 B 会往上移，移动到 AB=BC 的时候，顶部分布就完成了。

为了能对分布有更直观的认识，我们使用上次例子中的 3 个小人作为分布对象，为了清晰显示它们之间的距离，我们在菜单中勾选"视图→网格→显示网格"，3 个小人在网格中的位置就可以显示出来了，如图 5-2-11 所示。

图 5-2-11

可以看到，垂直方向上，第一个小人顶部和第二个小人顶部相差 14 个网格的距离，而第二个小人顶部和第三个小人顶部相差 6 个网格的距离。如果三者采用顶部分布的话，3 个小人顶部的总距离保持不变，是 20 个网格，第一个小人和第二个小人顶部相差 10 个网格，第二个小人和第三个小人也相差 10 个网格。我们选中 3 个小人，然后选择"顶部分布"按钮，这时效果如图 5-2-12 所示。

图 5-2-12

可以看到，第二个小人向上移动，刚好它的顶部距另外两个小人的顶部都是 10 个网格。如果是垂直居中分布，则是按照每个对象的中间位置进行等距离分布。如果是底部分布，则是按每个对象底部的位置进行等距离分布。

同样，分布也有 6 种情况，另外水平的 3 种情况和垂直很类似，所不同的只是由顶部、垂直居中和底部改为左侧、水平居中和右侧，这里不再赘述。

3. 对象的匹配大小

对象匹配大小指将两个或多个对象变为和其中最大的相等，分为 3 种情况相等：宽度相等，高度相等或者宽度和高度都相等。如图 5-2-13 所示，3 个不等宽不等高的矩形，其中第一个矩形宽最大，第三个矩形高最高。

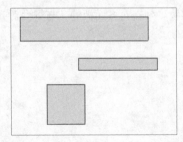

图 5-2-13

选中中间和下面的这两个矩形对象，分别执行匹配宽度、匹配高度与匹配宽和高，可以看到 3 种匹配的情况，如图 5-2-14 所示。

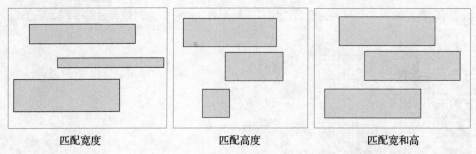

匹配宽度   匹配高度   匹配宽和高

图 5-2-14

4. 对象的间隔

对象间隔和对象的分布有些类似，所不同的是，分布的间距标准是多个对象的同一侧，而间隔则是相临两对象的间距。垂直平均间距是指将几个对象垂直方向上的间距平均分布，水平间距是将几个对象水平方向上的间距平均分布。

对象间隔同样至少需要有 3 个对象以上才有效，例如下面 3 辆巴士的例子，我们应用对象间隔后，可以看到平均间隔前后分布的情况，如图 5-2-15 所示。

图 5-2-15

5. 相对于舞台

在以上例子中，都是直接执行对齐命令，其中对齐面板最下端的"与舞台对齐"是处于非选择状态，如果选择"与舞台对齐"，所有的对齐则会以舞台作为参照物。勾选对齐面板的"与舞台对齐"，如图 5-2-16 所示。

图 5-2-16

如图 5-2-17 左图所示，3 辆巴士排列在舞台不同位置，选择"左对齐"后，会发现 3 辆巴士，对齐到了舞台的左侧，如图 5-2-17 右图所示。

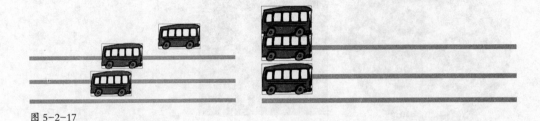

图 5-2-17

当然，选择相对于舞台后，对齐面板里的其他的命令效果也都发生了变化，它们的参照物都改为舞台。

5.2.3 对象的变形

在制作 Flash 时，有时需要把对象进行旋转或倾斜，Flash 里提供了专门用于变形的面板，使对象可以任意地旋转和倾斜变形。可以通过变形面板来操作变形的命令，勾选"窗口→变形"命令或单击舞台右侧变形面板图标 即可调出变形面板，快捷键为 Ctrl + T。

在图 5-2-18 中，最上面的两个蓝色的数值是对象缩放的宽度和高度的百分比，用鼠标拖动蓝色数值可以使数值增大或减小。也可以单击，在出现的输入框中键入数值。旁边的约束按钮是用来约束对象的长宽等比例缩放的，约束按钮右边的是重置按钮。

图 5-2-18

旋转后面的角度数值改变方法和对象缩放一样，当我们键入正值时，该对象以顺时针旋转，键入负值时，该对象以逆时针旋转，如图 5-2-19 所示。

图 5-2-19

倾斜和上面讲的功能相似，左边的数值控制水平倾斜，右边的数值控制垂直倾斜，这里就不再详述。可通过倾斜这个功能进行标准的垂直、水平翻转。

3D 旋转与 3D 中心点：选中要旋转的影片剪辑，分别调试 x 轴、y 轴和 z 轴的数值，让影片剪辑围绕 3D 中心点旋转。在 3D 中心点一项中，x 轴、y 轴和 z 轴数值都是零的时候，坐标的位置在舞台的左上角，对象将会以此点进行 3D 旋转。

面板右下角两个按钮分别是"复制选区和变形" ▣ 和"取消变形" ↻，如果按下复制选区和变形按钮，会先复制对象再重新应用原来对象的所有变形操作，这对于制作重复图形很有帮助；取消变形按钮的用途是取消所选对象所有的变形操作。

5.2.4 设置标尺、网格和辅助线

在 Flash 制作中，网格和辅助线等功能是用来辅助对象对齐的，可以通过在主菜单中选择"视图→网格→显示网格"或按快捷键 Ctrl+′ 来显示网格，也可以选择"视图→网格→编辑网格"，在弹出的"网格"对话框中设置网格的颜色、是否显示、是否在对象上显示、对象是否会自动吸附到网格上、网格的宽度高度和对象的精确度。其中"贴紧精确度"通常指对象可以被吸附的有效距离，如图 5-2-20 所示。

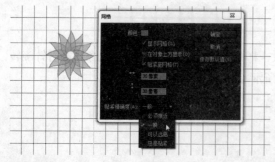

图 5-2-20

使用辅助线时，需要先调出标尺，标尺能最精确地度量对象的尺寸。在绘制对象的过程中，鼠标在舞台上移动的同时，标尺上会有一条很小的线段随着鼠标移动，方便对齐标尺上的精确刻度。当鼠标在标尺上按下不松手，拖动鼠标到舞台上就可以新建辅助线。辅助线可以拖出很多条，用来确定对象绘制的中心或绘制的精确范围。同时也可以应用"选择工具"，移动与删除选中的辅助线，如图 5-2-21 左图所示。

如果需要设置辅助线，可以通过选择"视图→辅助线→编辑辅助线"打开"辅助线"对话框。在该对话框中，可以分别设置辅助线的颜色、是否显示辅助线以及是否让对象自动吸附辅助线。其中"锁定辅助线"可以防止误操作而移动辅助线。"紧贴精确度"里面的选项是设置辅助线吸附贴近对象的范围，如图 5-2-21 右图所示。

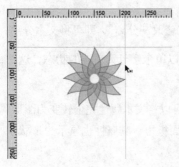
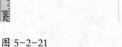
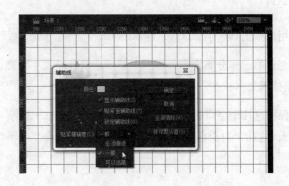

图 5-2-21

5.3 将文本对象转换为图形对象

前面已经介绍过，Flash 对象有 5 种类型，其中的文本对象，让 Flash 可以方便地输入文本以及对它进行修改。有时候，把文本经过两次分离后，才可以做更多的特效或者对文本进行任意变形等。还需要注意的是，一旦被分离，该对象就是图形对象，没办法再把它恢复成文本对象了。

我们先通过一个例子来看一下如何将文本对象转变为图形对象。

1．打开 Flash CC，在"新建"项目下选择新建 Flash 文件。从外部导入一个图片素材到图层一，并将其转换为一个图形元件作为背景。

2．新建图层二，选择工具面板上的"文本工具"，选择文本类型为"静态文本"，单击舞台上合适的位置，在出现的文本输入框内输入"LOVE FOREVER"文字。

3．将"LOVE FOREVER"这几个文本的字体设置为"Impact"，字体大小设置为"96"，如图 5-3-1 所示。

图 5-3-1

4．用选择工具选中"LOVE FOREVER"文字，然后执行"修改→分离"，即可将文本分离。

5．经过第一步分离文本，相当于把一个组合的文字分离成以单个字母为单位的状态，这时每个字母还是处于文本状态。

6．保持这几个字母的选中状态，再次选择"修改→分离"，可以将文本属性完全转变为图形属性。可以看到，这几个对象已经变为填充状态的麻点显示。在属性面板里，其属性也显示为形状了，如图 5-3-2 所示。

图 5-3-2

提示："分离"的快捷键是 Ctrl+B。在其他翻译中，经常把分离称为打散，所以在看到把某文字打散的时候，要知道执行的是分离命令。

将文字对象转换为图形对象后，该对象就具备了轮廓和填充等属性，可以对它们进行效果处理。例如我们想把这几个文字处理成绚丽的效果，可以接下来继续制作。

7．将文字转换为图形对象后，它是一个只有填充没有边框的状态，当然可以给它增加一个白色的边框。选择工具面板的墨水瓶工具，然后单击笔触颜色，选择白色，在属性面板设置笔触大小为 4。

8．单击各文字边缘，将白色的轮廓应用到每个文字的周围，如图 5-3-3 所示。

图 5-3-3

9．为了突出显示轮廓，分别选择每个对象的红色填充，然后按键盘上的 Delete 键，将黑色填充删除。

10．下面选中文字的轮廓，选择"修改→形状→将线条转换为填充"命令。

提示：将线条转换为填充后，线条具备了填充的属性，这样可以对线条进行图像效果的处理。接下来我们打算柔化图形的轮廓，把轮廓转变为填充后，效果会更加自然。

11．逐个选中每个文字图形，执行"修改→形状→柔化填充边缘"，弹出"柔化填充边缘"面板，设置距离为 8 像素（px），步长数为 10，方向为扩展，如图 5-3-4 所示。

图 5-3-4

提示："设置柔化填充边缘"时，距离是指柔化范围，数字越大，范围越大；步骤是指柔化的渐进步数，通常数字越大，效果越好，同时也越消耗系统资源；方向分为指向外柔化和指向内柔化。

12. 单击"确定"按钮，这时整个文字效果在舞台上就可以看到了，如图 5-3-5 所示。

图 5-3-5

5.4 位图的处理

对于位图和矢量图已经多次提到，下面解释一下这两个概念。位图图像（也称为光栅图形）以一系列的像素值存储在计算机中，每个像素占用固定的存储空间。因为每个像素都是单独定义的，所以这种格式对于含复杂细节的照片图像是很棒的。但是在过度放大和缩小时，位图的图像保真度也会损失。

矢量图则使用一系列的线段、色块和其他造型来描述一幅图像，例如直线、圆、弧线和矩形等造型，以及它们中使用的颜色、渐变色等格式。矢量图的文件格式不像位图文件那样记载的是每个像素的亮度和色彩，而是记录了一组指令，也可以说是记录了图形具体的绘制过程。矢量图的文件可以包含用 ASCII 码表示的命令和数据，可以用普通的文字处理器进行编辑，非常适合线形图的表示。

位图对象可以通过两种方式转换为矢量图，一种是采用转换位图为矢量图的方式，另一种是采用分离的方式。

5.4.1　通过分离命令将位图对象转变为图形对象

首先通过一个例子来看一下如何通过分离命令将位图转换为矢量图。

1．打开 Flash CC，新建 Flash 文档。

2．使用"文件→导入→导入到舞台"命令，在弹出的"导入"对话框中，选择一张准备好的位图文件，然后单击"打开"按钮。

3．在舞台上可以看到导入的位图对象，单击位图对象，可以看到属性面板中该对象的位图属性，如图 5-4-1 所示。

图 5-4-1

4．选择"修改→分离"命令或者按快捷键 Ctrl+B，将位图分离，使它具备矢量图的属性，如图 5-4-2 所示。

图 5-4-2

5. 可以在属性面板中看到，此时对象已经是形状对象，也就是矢量图对象了。还可以看到，它的轮廓是无，填充颜色是一个自定义的图案，这个图案也就是刚才的位图图案。

　　提示：虽然此时位图已经变为矢量属性，但是实际上它只是把填充的属性由颜色改为图案，而图案还是位图属性，因此对此对象进行放大处理，仍旧会出现锯齿现象。也可以说，通过这种方式将位图转换为矢量图，仅仅是一种组合方式上的转换，本质上并没有发生很大的变化。

6. 这个填充图案不仅仅可以应用在已有图形上，还可以应用到新图形上。例如，选择滴管工具，在图形上单击一下，此时系统自动将这个填充图案附加到颜料桶工具上，也就是说，在接下来的绘图中，填充属性不再是颜色，而是此图案。

7. 在工具面板中，选择"矩形工具"，在属性面板的属性中，设置笔触颜色为白色，宽度为2。在图片的下方，拖出两个矩形，该对象的填充便是采用刚才导入的位图图案，如图5-4-3所示。

图 5-4-3

8. 当然也可以把该填充效果应用在文字上，我们在矩形的旁边，用文本工具输入文字，设置文字大小为180，输入文字后，按快捷键Ctrl+B，把文字转换为图形对象，如图5-4-4上图所示。

9. 在工具面板中选择滴管工具，在矩形里的文字上单击一下，会发现所有文字全部被导入的位图图案填充了，如图5-4-4下图所示。

FLOWER

FLOWER

图 5-4-4

5.4.2　真正的位图转矢量图

在上个例子中讲到，使用分离命令可以将位图转换为矢量图，但这并不是真正的转换，而下面这种方法，则是真正地将位图转换为矢量图。

1．打开 Flash CC，新建 Flash 文档。

2．选择"文件→导入→导入到舞台"命令，在弹出的"导入"对话框中，选择一张准备好的位图文件。然后单击"打开"按钮，把图片导入到 Flash 中。

3．在舞台上单击导入的位图，然后选择"修改→位图→转换位图为矢量图"命令，系统会弹出"转换位图为矢量图"的对话框，如图 5-4-5 所示。

图 5-4-5

面板中每个选项的含义如下。

颜色阈值：设置转换时图形的颜色容差度，值越小，色彩过渡越柔和。

最小区域：设置最小转换区域，小于该尺寸的色彩区域将被忽略。值越小，转换后的图形越精细；数值越大，像素区域越大，颜色越单纯。

角阈值：色块边部的平滑程度。以上的设置如果图像品质越高，则转换速度越慢；减少角数，图像会变得单调。

曲线拟合：色块形状敏感度，选择非常平滑的话，可以减少线条拟合数，轮廓线变得更单调。

4．转换后的对象已经完全是矢量化的，可以对任何轮廓和填充进行调节，进行缩放也不会出现锯齿现象，如图 5-4-6 所示。

图 5-4-6

5.4.3 位图属性设置

位图在图像质量和真实度上有它的优势，所以并不一定都要把位图转换为矢量图。许多时候，我们也会在 Flash 中使用位图。在使用位图的时候，可以对它的属性进行一些调整，使它更适应影片的需要。

1．打开 Flash CC，选择"新建"项目下的 ActionScript 3.0，新建 Flash 文档。

2．选择"文件→导入→导入到舞台"命令，在弹出的"导入"对话框中，选择一张事先准备好的位图文件，然后单击"打开"按钮，把图片导入到 Flash 中。

3．当然，此位图也已经导入到 Flash 的库中，可以查看库面板。如果库面板没有出现，选择"窗口→库"即可，如图 5-4-7 所示，显示的是导入到库中的位图。

图 5-4-7

4．在库中双击该位图图标，可以弹出位图属性面板，如图 5-4-8 所示。

图 5-4-8

位图属性面板中选项的含义如下。

允许平滑：选择该选项时将平滑或抖动图像。如果撤消选择这个框，图像会出现锯齿状或缺口。

压缩：对图形的压缩方式。压缩方式有两种，一是照片（JPEG），可以设置压缩比，在输入框中可以键入压缩值，压缩结果对图像质量有损。二是无损（PNG/GIF），即无损压缩，图像质量有保证，但不可调整压缩比。

如果采用照片，下面会出现使用文档默认品质选项。若选择位图，则使用默认的压缩比，如不选择，代表自定义压缩的结果。百分比的数值表示图像的质量，数值越高，质量越好，文件也越大。80% 以上的压缩比已经可以很好地保证图像的品质了。

导入位图的注意事项

1. 当位图文件的名称以数字结尾，并且在同一位置有多个数字相连的位图文件时，在导入过程中 Flash 会询问是否把这一串图像作为一个动画序列导入。

如果选择"是"，则这些文件会从当前帧开始被依次插入到连续的几帧中，Flash 会根据文件数量自动增加相应的帧数；选择"否"则只导入选中的文件。

2. 当有透明通道的 GIF 格式文件导入时，以 GIF 格式保存的位图有些特别的属性。首先 GIF 格式的文件有一个透明通道，这就使图形的背景或某一个颜色的区域可以为透明。在网页制作中，透明图像的使用很普遍。GIF 文件如果带有透明区域，那么在导入到 Flash 后其透明区域仍会保留，并且无论是在转换为矢量图或是打散后，透明区域都不会丢失。

除了透明区域外，GIF 文件还可以是动画文件，动画格式的 GIF 文件实际上就是一系列连续动画图形的组合，包含了一组连续的图像。在导入后会自动增加相应的帧数，每帧对应 GIF 动画中一幅图像。图像导入后，在库面板中同样会增加相应数目的位图。

元件和实例

6

学习要点

- ·掌握元件与实例概念
- ·掌握元件的分类
- ·掌握如何创建与编辑元件
- ·掌握如何创建与编辑实例
- ·掌握库面板的使用

6.1 理解元件与实例的概念

在使用 Flash 制作动画时，同一个元素常常会多次使用。例如制作满天雪花飘舞的的动画场景时，大量雪花飘飞的场景可以基于一个雪花形状制作出来。在一般软件中可能会使用多次复制粘贴的方法来制作，然后对每个雪花形状进行编辑。如果用这种方法，会使文件容量变得巨大，无法在网页上流畅播放。

Flash 可以把需要重复使用的图形转换为元件（Symbol），这个元件会自动保存到库（Library）中。需要使用这个元件时，只要从库窗口中拖到舞台上即可。这样，所有雪花其实都只是调用同一个元件，即使对舞台上的元件进行了修改，也只是在文件中增加少量的描述。这使得 Flash 生成的文件量大大减少，使动画在网页上更流畅地播放。

在使用元件时，不仅仅可以方便地从本文件的库面板中拖出来，还可以直接调用外部的 Flash 文件的元件库，为创作动画大大提高了效率，给动画制作带来更大的便捷。

元件的具体表现形式为实例。当把元件从库窗口拖到工作区时，它就称为库中该元件的实例（Instance）。

元件与实例的定义可以概括如下：在 Flash 中，元件是指创建一次即可多次重复使用的图形、影片剪辑或者按钮，是构成 Flash 动画的基本元素。实例是指位于舞台上或嵌套在另一个元件内的元件副本。通俗的解释是：在库里面的对象是元件，拖到舞台上的就叫实例了，一个元件可以拖出来多个实例。

元件和实例的概念是减少 Flash 文档大小和下载时间的关键。元件需要被下载，但是实例只是通过它们的属性（缩放、颜色、透明度和动画等）而被描述在一个小的文本文件中，这也就是为什么它们只增加了一点点影片文件大小的原因。减少文件大小的最佳方式是为影片中频繁使用的对象创建元件，元件和实例除了减少文件大小和下载时间外，它们也能帮助我们更快速地更新整个文件中的对象，易于维护。

6.1.1 使用元件可减小文件量

在 Flash 中，多次使用一个元件，并不会增加 Flash 动画的文件量，我们可以通过一个例子来验证。

1. 在 Flash CC 中新建一个文档，然后从外部导入一张图片，选择图片按 F8 键将其转换为影片剪辑。在该文件中，打开库面板，可以看到其中有个叫"cat"的影片剪辑。

2. 单击库中的"cat"影片剪辑元件，然后将"cat"影片剪辑拖到舞台上，如图 6-1-1 所示。

图 6-1-1

3. 选择"文件→另存为"，将它保存到电脑上的某个目录中，给它命名为"cat1.fla"，这是只使用一次元件的 Flash 文件。

4. 使用快捷键 Ctrl+Enter 发布 Flash，在同目录下生成最终的 Flash 播放文件"cat1.swf"。

5. 关闭 SWF 文件，继续回到 Flash 舞台，把"cat"影片剪辑元件多次拖入舞台中，可以让 cat 实例铺满舞台，如图 6-1-2 所示。

图 6-1-2

6．选择"文件→另存为"，将它保存到上个文件的相同目录中，给它命名为"cat2.fla"，这是多次使用一个元件的 Flash 文件。

7．按快捷键 Ctrl+Enter 发布影片，在同目录下生成最终的 Flash 播放文件 cat2.swf。

8．这时查看两个 SWF 文件的大小，会发现两个文件的大小几乎是一样的，都为 5KB，这样可以了解到，将多次用到的对象转换为元件不会增大文件。

6.1.2 修改实例对元件产生的影响

1．在 Flash CC 中新建一个文档，按快捷键 Ctrl+R 导入一张小猪的素材，然后将小猪转换为图形元件，并命名为"pig"。在该文件中，打开库面板，可以看到在库面板中有个叫"pig"的图形元件。拖动"pig"元件到舞台三次，如图 6-1-3 所示，舞台上有 3 个元件"pig"的实例。

图 6-1-3

2．使用"任意变形"工具，对舞台最左边的小猪进行缩放，按住 Shift 键，使小猪等比例放大，如图 6-1-4 所示。

图 6-1-4

3．在放大舞台最左边的小猪后，可以看到元件库中该"pig"的元件，形状并没有发生任何改变。

4．不仅仅可以对实例的形状进行修改，也可以对其颜色进行修改。单击舞台最右边的小猪，在"属性"面板中，选择"样式"下拉框中的"色调"，然后单击色调后面的色块，在弹出的调色板中选择一种颜色，可以看到舞台上选中的小猪颜色变得相对暗淡。同样，库中的元件并不发生任何改变，如图 6-1-5 所示。

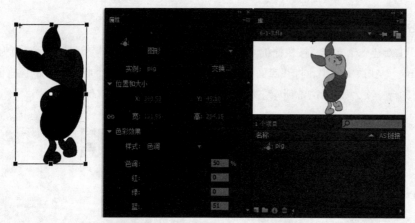

图 6-1-5

6.1.3　修改元件对实例产生的影响

1．如果对元件的属性进行修改会出现什么效果？双击库中的一个元件，进入元件编辑模式，可以对它进行单独编辑，如图 6-1-6 所示。

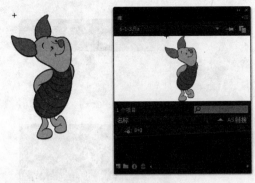

图 6-1-6

2．用"选择工具"选中整只小猪，然后鼠标右键单击小猪，选择"任意变形"，再将鼠标指针移到小猪的任何一角，当鼠标指针变为旋转箭头时，拖动小猪进行旋转，如图 6-1-7 所示。

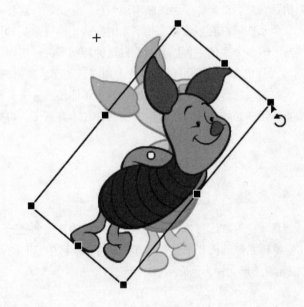

图 6-1-7

3．单击场景导航中的"场景 1"，回到影片场景，可以看到与该元件相关的 3 个实例都已经旋转了角度，如图 6-1-8 所示。

图 6-1-8

6.1.4 区别元件与实例

元件和实例两者不完全相同，但相互联系。首先，实例的基本形状由元件决定，这使得实例不能脱离元件的原形而无规则地变化。一个元件可以有多个与它相联系的实例，但每个实例只能对应于一个确定的元件。此外，一个元件拖出的多个实例中可以有一些自己的特别属性，例如大小、颜色和透明度等的不同。这使得使用同一元件的每个实例可以变得各不相同，展现了实例的多样性，但无论怎样变，实例在基本形状上是一致的，这一点是不能改变的。一个元件相当于一个种类，从这个种类生成的各个个体属性基本相同。元件必须有与之相对应的实例存在才有意义，如果一个元件在动画中没有对应的实例存在，那么这就是个多余的元件。

6.2 创建与编辑元件

只有先创建元件才能使用元件。创建元件的方法有两种：一种是在 Flash 中直接创建一个新的空白元件，然后在元件编辑模式中创建、编辑元件的内容；另一种方法是将工作区中已有的一个或几个对象转变为元件，再进行编辑。我们先以图形元件为例介绍创建元件的方法。

6.2.1 新建图形元件

1. 新建文档，选择"插入→新建元件"命令，新建元件。在弹出的"创建新元件"面板的"名称"一栏中键入元件的名称，元件名称可以是英文或中文，在"类型"下拉菜单中选择"图形"。单击"文件夹"选项，弹出"移至 ..."面板，可以将元件移至库现有的文件夹中或者库新建的文件夹中，这里我们不做选择。最后单击"确定"按钮，如图 6-2-1 所示。

图 6-2-1

2. 完成上述步骤后，工作区会自动进入元件编辑模式，在此可以根据需要绘制和编辑元件，如图 6-2-2 所示。

此处有一个"十字"叉，表示元件的注册点

此处既有工作区名　　元件编辑模式
称又有元件名称

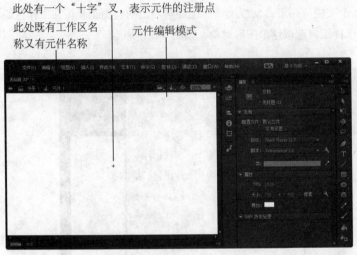

图 6-2-2

3. 在元件编辑窗口中，使用工具面板的绘图工具绘制图形元件。例如用椭圆工具绘制图形，如图 6-2-3 所示。

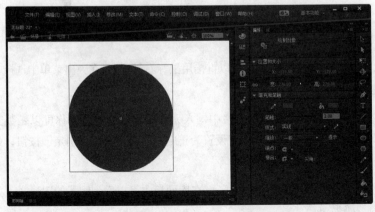

图 6-2-3

4．完成元件绘制后，打开"编辑"菜单，选择"编辑文档"命令，可以返回到影片编辑模式，新建的图形元件就会出现在库面板中。另外，也可以直接单击"场景1"回到影片编辑模式。

元件编辑模式与影片编辑模式的差异

处于元件编辑模式时，工作区中心有"十字"叉，表示元件的注册点；处于影片编辑模式时，工作区无"十字"叉。处于元件编辑模式时，工作区左上角有工作区名称和元件名称；处于影片编辑模式时，工作区仅有工作区名称。

6.2.2 将元素转换为图形元件

1．运行 Flash CC，新建一个文档。在工具面板中选择已经学习过的绘图工具，在工作区绘制一头可爱的奶牛。在工作区中用选择工具选取这个图形对象，如图 6-2-4 所示。

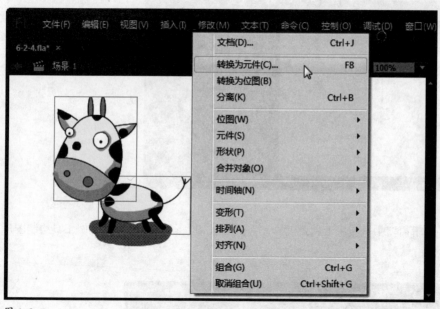

图 6-2-4

2．打开"修改"菜单，选择"转换为元件"。也可以直接用鼠标右键单击，在弹出菜单中选择"转换为元件"，或者按下 F8 键。

3．在弹出的"创建新元件"面板的"名称"一栏中键入元件的名称，元件名称可以是英文或中文，在"类型"下拉菜单中选择"图形"，把对齐点设置为正中间，然后单击"确定"按钮，如图 6-2-5 所示。

4．这时舞台上被选取的元素就已经变为图形元件了，在库面板中可以看到刚才的图形了，如图 6-2-6 所示，保存这个文件为"奶牛.fla"。

图 6-2-5

图 6-2-6

将文字生成元件

不仅图形可以转换为元件，文字也可以转换为元件。在输入一段文字后，选取文字，用"转换为元件"命令将它转换成元件，其特性和其他元件特性相同。

用其他不同方法创建图形元件

执行菜单命令"插入→新建元件"或按快捷键 Ctrl+F8 新建一个空白元件，然后在元件编辑模式的工作区中绘制元件内容。

6.2.3　元件的分类

在 Flash 中，元件由图形元件、按钮元件和影片剪辑元件 3 大部分组成。在建立元件之前，只有熟悉每种元件类型的特点，才能知道将要创建的元件应该选择哪种类型。

图形元件：图形元件主要用于静态图形，它是一种最基本的元件类型。也可以由多个图形元件组成一个新的图形元件。

影片剪辑：影片剪辑是构成 Flash 复杂动画必不可少的元件，它是一种比较特殊的元件，有自己独立的时间轴、图层以及其他图形元件。实际上可以这么说，一个影片剪辑就是一个小 Flash 片段。影片剪辑在复杂动画以及 ActionScript 编程中经常会用到。

按钮元件：按钮元件主要是具备鼠标事件响应效果的一种特殊元件。按钮元件有 4 种状态，分别是鼠标弹起状态、鼠标指针经过按钮状态、鼠标被按下状态和鼠标单击范围状态。

按钮元件和影片剪辑具有更多的属性，在后面的章节中将对它们的创建方式做专门的介绍，在本章不进行讲述。

6.2.4　编辑元件

舞台上的实例与库面板中对应的元件有一种父 / 子关系，这种特殊关系的一个优点是：如果在库面板中改变了一个元件，那么舞台上的所有该元件的实例都将更新，这在为 Flash 项目进行大范围更新时会大大提高效率。

1．打开 Flash CC，打开刚才存储的"奶牛"文件，鼠标右键单击舞台上的图形，在弹出的快捷菜单中选择"编辑元件"，如图 6-2-7 所示。

图 6-2-7

进入元件编辑状态的9种方法

· 选择"编辑"菜单中的"编辑元件"命令。

· 在舞台上的对象上单击鼠标右键，选择"编辑元件"命令。

· 在舞台上的对象上单击鼠标右键，选择"在当前位置编辑"命令。

· 在舞台上的对象上单击鼠标右键，选择"在新窗口中编辑"命令。

· 在舞台上双击对象，进入元件编辑状态，此时状态为"在当前位置编辑"。

· 在库面板中选中元件，然后选择右上角"选项"菜单中的"编辑"命令。

· 在库面板中元件上单击鼠标右键，选择"编辑"命令。

· 在库面板中双击元件，进入元件编辑状态。

· 按快捷键 Ctrl+E 进入元件编辑状态。

2．在编辑元件时，就像在舞台上编辑对象一样，可以改变元件形状、颜色等，也可以使用各种绘图工具重新绘制图形，还可以导入图片或重新创建其他的元件。这里我们将奶牛的嘴巴改成棕色的，如图 6-2-8 所示。

3．完成编辑后，单击舞台导航的"场景 1"按钮回到影片编辑状态。完成后，保存此文件为"奶牛 2"。

图 6-2-8

如果是在原工作区中编辑元件，舞台上其他对象都会变为灰色，表示不可编辑。在元件编辑状态中，编辑内容所在的位置与元件在舞台上所处的位置是一样的，这样有利于对该元件定位操作。

注意，在舞台上进行元件编辑和实例编辑时，界面非常相似，不同的是进行元件编辑时其他对象是灰色的，进行实例编辑时其他对象不发生变化。因此在舞台上编辑时，应确定是对元件进行编辑，还是对实例进行编辑，以防误操作。

6.3 创建与编辑实例

在 Flash 中，把库中的元件拖动到工作区中，工作区中的对象我们称之为实例，实例是动画组成的基础。可以对实例进行选取、移动、复制、删除、旋转、缩放、拉伸、并组、排列、打散和改变引用对象等操作。

6.3.1 创建实例

1. 运行 Flash CC，打开刚才保存的"奶牛"文件，这个文件的库中已有一只奶牛的元件，先把舞台上的对象选中删除，使舞台恢复到空白状态。

2. 在库面板中，将奶牛元件（缩略图和元件名称都可以）拖放到舞台上，这样就创建了一个实例。使用同样的方法，继续往舞台上拖放元件，创建第二个实例，如图 6-3-1 所示。

图 6-3-1

6.3.2 改变实例属性

每个实例都有其自己的属性,这些属性相对于元件来说是独立的,因此可以改变实例的颜色、亮度和透明度等,也可以对实例进行缩放、旋转或扭曲等操作,还可以改变实例的类型和动画播放模式,但所有这些操作都不会影响元件本身和其他同一个元件产生的实例。

6.3.3 改变实例的颜色和透明度

1. 继续前面的那个例子,在舞台上选择右边的奶牛。在属性面板中,单击"色彩效果"栏中"样式"的下拉菜单的"亮度"选项,如图 6-3-2 所示。

图 6-3-2

2. 选择亮度后，在它下面会出现一个滑块和调整具体数值的输入框，例如，我们通过滑块将亮度数值调整到 50%，如图 6-3-3 所示。

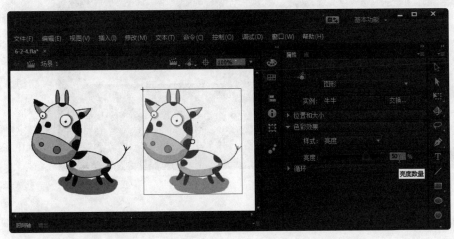

图 6-3-3

3. 如果想恢复到原始状态，可以在样式一栏选择"无"。除了调节亮度外，还可以在样式一栏选择其他选项，进行其他属性的调节。

5 个选项的含义如下。

无：不添加任何样式效果。

亮度：调整实例的亮度。数值越高，实例的亮度越亮。

色调：改变颜色色调。可以在弹出的调色板中选择颜色，在色调滑块调整着色量，也可以在红、绿、蓝三原色的分量中调整滑块或输入数值。

Alpha：调整实例的透明度。这个适用于实例覆盖到其他对象上时，对其透明度的调整。数值越小，透明度越高，0% 是全透明，100% 是不透明，可键入的值为 0 ～ 100。

高级：选择高级时，可以在一个面板上同时更精确地调节色调和透明度的百分比和偏移值。

6.3.4 对实例进行缩放、扭曲和旋转

选中一个实例后，可以用变形命令对它进行缩放、扭曲和旋转等各种形状变化处理，关于任意变形的用法在前面章节中已经介绍，可以试验一下各种变形效果，如图 6-3-4 所示。

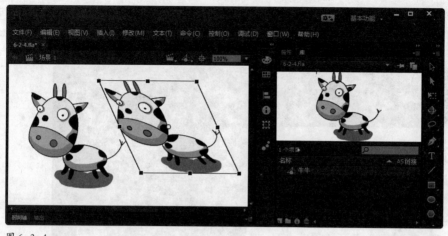

图 6-3-4

6.3.5　实例的分离

　　一般情况下，对实例进行编辑就可以达到大部分所需要的效果。但有时要对实例的局部做一些调整，而不是对整体进行改变，这时就需要把实例分离，然后再进行处理，因为 Flash 是不允许对实例的局部进行编辑的。用"修改"菜单下的"分离"命令可以分离实例与元件的联系，把实例还原为原始的形状和线条的组合。

　　1．继续上例的操作，选择第二只奶牛，然后选择"修改→分离"或者按快捷键 Ctrl+B。实例已经脱离了和元件的关联，如果再次对元件修改时，刚才被分离的那个实例已经不再随元件而发生变化了。

　　2．对第二只奶牛的轮廓进行曲线调整，整个调整过程就是对图形对象调整，如图 6-3-5 所示。

图 6-3-5

　　实例被分离后就可以用绘图工具对各个图形元素进行编辑了。实例分离后不会影响到元件和其他由此元件产生的实例，不过在这以后对元件所做的各种变化也不会再对分离后的实例起作用，因为它们之间已经没有任何联系了。

6.4　使用库面板

在 Flash 中，库能将所有的元件保留，以方便用户再次使用该元件。除了元件外，库中还可以保留位图、声音和视频等各种多媒体素材，方便用户对所用到的素材进行管理。另外，Flash 文件还具有使用外部库元件的功能，用户可以免去多次创建元件的麻烦。

使用 Flash CC 中的库搜索功能，可以寻找库中相应的素材。掌握库的使用对 Flash 的学习非常重要，下面我们介绍库面板的使用。

6.4.1　库面板介绍

库面板是 Flash CC 存储和组织元件、位图图形、声音剪辑、视频剪辑和字体的容器。因为每种媒体都有与之相关的不同图标，所以一看就能轻松识别出不同的库资源。对于设计师而言，它是 Flash 软件中最有用、也是频繁使用的界面元素之一。

为了更全面地观察库面板的组成部分，可以先把库面板单独显示出来。如果在工作区中没有显示库面板，选择"窗口→库"命令，在工作区右侧将显示库面板。然后单击面板右上方的"新建库面板"按钮，把库面板单独显示出来，如图 6-4-1 所示。

为了更好地观察，把库面板移动到屏幕中间，鼠标点中该库面板右下角，拖动扩大库面板，直至面板里的所有信息都显示出来，如图 6-4-2 所示。

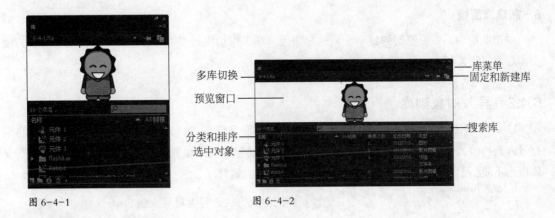

图 6-4-1　　　　　　　图 6-4-2

1.　对象预览窗口

当在库面板选中一个对象时，在对象预览栏出现的是此对象的缩略图预览。如果此对象是影片剪辑或音频，在预览栏右上方会出现播放和停止按钮，可以对影片剪辑或音频在预览栏内进行播放和停止。

2. 分类和排序

名称：对象的名称，可以给对象取中文的名称，像 Windows 的资源管理器一样，如果单击名称，所有的对象会按文件名首写字母的顺序进行排列，再单击一次，便倒序排列。

类型：对象的种类，包括位图、图形、影片剪辑、声音和按钮等。如果单击类型，对象会按照类型的顺序排序。

使用次数：某个对象在影片中的使用次数。

AS 链接：可以让对象为其他影片调用。

修改日期：显示为对象的最后修改日期。

3. 库菜单

显示和库相关的各种操作命令。这个菜单几乎包含所有和库相关的命令，虽然项目繁多，在使用上还是比较简单的，可以逐个进行试验，以便掌握。

4. 搜索库

在搜索框中键入相应的关键字或素材的名称，在"库"面板中进行搜索。

5. 固定当前库

选中该选项后，当前库被锁定。当切换多个文档时，固定后的库面板不会随文档变化发生改变。

6. 新建库面板

单击此选项后，会临时弹出一个新的库面板。在多库切换列表中可以选择不同文档的库，方便在库之间复制素材。

6.4.2 导入对象到库

Flash 可以使用其他程序创建的插图，可以导入各种文件格式的矢量图形和位图。用户可以将素材导入到当前文档的舞台或库中，导入舞台的图形也会被自动添加到库中。导入到 Flash 中的图形文件最小不能小于 2×2 像素。可以通过以下几种方式导入素材。

· 选择菜单"文件→导入"命令，选择相应的导入方式，将素材导入到 Flash 文档中。

· 复制其他应用程序中的位图素材，粘贴到 Flash 文档中。

· 直接从图形编辑程序中拖曳图形图像到舞台。

· 通过脚本在运行时动态载入素材。

以下为 Flash 能够导入的常见图形图像格式的文件。

AI 格式：Adobe Illustartor 矢量图形格式。

PSD 格式：Adobe Photoshop 图像格式。

PNG 格式：流式网络图形格式，支持半透明。

BMP 格式：Windows 高质量位图图像格式。

GIF 格式：支持简单动画和半透明，但只支持 256 色的图片存储格式。

JPG 格式：也叫 JPEG 格式，是一种有损压缩的图片格式，支持最高级别的压缩，常作为数码照片的原始文件，在网络上应用广泛。

Flash CC 重新设计了 PSD 和 AI 文件的导入工作流程，导入流程比以前更快、更高效且更简化。在以前版本的 Flash 中，导入 AI 和 PSD 文件不支持批量修改图层属性，在 Flash CC 中，一次可以转化多个图层属性，如图 6-4-3 所示，PSD 和 AI 文件图层和文本可做统一的处理。

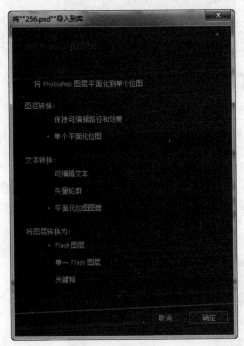
导入 PSD 文件

导入 AI 文件

图 6-4-3

在使用外部文件时，一般在导入对象时，选择导入到舞台。实际上在创作中，会对影片做整体规划，例如需要使用哪些素材、设置几个场景以及每个场景的动画如何进行等。这个时候对于外部元素来说，就不需要导入到舞台，而是把元素先导入到库中，然后根据影片需要，随时从库中选取合适的元素。

1. 新建一个文件，确定库面板显示在舞台上，如果没有显示，选择"窗口→库"命令，在工作区旁显示库面板。

2．先用普通方式导入对象，选择"文件→导入→导入到舞台"，选择一张位图元素，然后按"打开"按钮，位图就会被导入到舞台上。实际上，它也同时被导入到库中，如图 6-4-4 所示。

图 6-4-4

3．大家试验一下只导入库的方法。单击库中的位图对象，按键盘上的 Delete 键，删除这个对象，同时舞台上的对象也被删除了。

4．然后选择"文件→导入→导入到库"，同样选择这个位图，单击"打开"按钮，会发现此时文件被导入到库中，但是并没有出现在舞台上，如图 6-4-5 所示。如果有需要，可以手工把它拖到舞台上，这在一次导入很多个对象时比较常用。

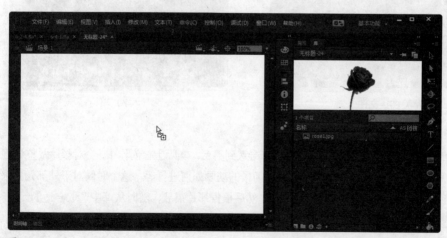

图 6-4-5

6.4.3 使用其他文件的库

在 Flash 中还可以使用其他文件的库，这样，一旦制作完一个 Flash 影片，在另外一个影片中如果需要其中某个元素，就不需要重新制作，只需直接把上个影片的库打开就可以了。

1．新建一个 Flash 文件，选择菜单"文件→导入→打开外部库"，然后在弹出的面板中选择另一个 Flash 文件，如图 6-4-6 所示，单击"打开"按钮。

图 6-4-6

2．在 Flash 文件中，又多出了一个刚才导入的文件的库面板，把其中的某个对象直接拖动到舞台，就可以发现这个对象被复制到当前影片的库文件中了，如图 6-4-7 所示。

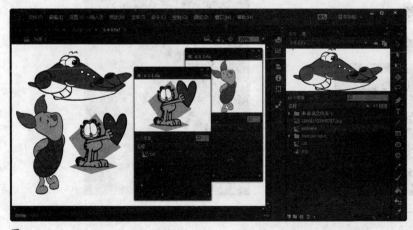

图 6-4-7

在导入另外一个文件的库时，如果这个外部库中的对象和当前文件有同名现象，系统会提示：是导入的元件不覆盖原有元件，继续使用，还是导入元件覆盖原有元件。一般情况下，选择前者，这样实际上是等于没有导入。在为原有库对象重命名后，再重新把这个外部库的对象拖进来。

6.4.4　通过库文件夹管理对象

制作大型 Flash 影片时，常常需要好几个人协作共同来完成，所涉及的素材量大，如果没有管理好素材，随意堆放在库面板中，当需要查找某个元件时将非常麻烦，而且容易出错。Flash 提供了库文件夹的功能，我们可以像操作 Windows 文件夹一样操作库文件夹。合理部署文件夹和文件，可以大大提高制作效率，方便对素材进行管理。

例如，我们要制作一个 Flash 网站，网站的模块可能包括：页头、页尾、导航、按钮，等等。这些模块可能用到各种不同的素材。我们可以用如下方式部署。

1．新建 FLash 文档，导入已做好的网页素材到库中。

2．可以看到，在这个 Flash 中，库面板中的元件无组织地堆积在一起。为了方便管理，我们想把这些对象分为几大类：页头、页尾、内容。

3．在库面板下方右侧的"新建文件夹"按钮上单击，可以在库面板中新建一个文件夹，如图 6-4-8 左图所示。

4．在库面板中，双击或者右键单击选择"重命名"选项，给这个文件夹重新取名为"页头"，如图 6-4-8 右图所示。

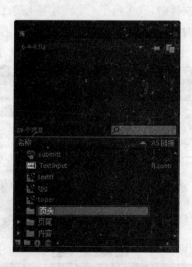

图 6-4-8

5. 用同样的方法，再建立"页尾"和"内容"的文件夹。这 3 文件夹建立完成后，就可以把对象进行合理的归类。例如，导航元件属于"页头"文件夹，我们直接拖动它到"页头"文件夹，如图 6-4-9 左图所示，拖动完毕后，它就在相应文件夹里了。

6. 按住 Ctrl 或 Shift 键配合操作，可以同时选中多个元件，一起拖进文件夹中，如图 6-4-9 右图所示。

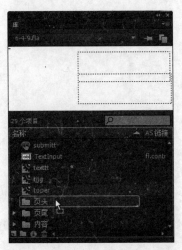 

图 6-4-9

7. 把相应元件拖入文件夹归类后，库面板中就只剩下 3 个文件夹了，如图 6-4-10 左图所示。双击文件夹，可以展开并显示出此文件夹下的所有对象，如图 6-4-10 右图所示。

图 6-4-10

截至本章，我们已经把 Flash 中所有有关制作素材的内容介绍完了，接下来的章节就进入 Flash 最重要的部分——动画。Flash 动画实际上就是把这些素材进行纵向上的叠加和横向上的运动。掌握创造素材的方法，实际上是为动画制作打下坚实的基础。

Flash 动画基础

7

学习要点

- ·掌握时间轴的组成部分
- ·掌握图层的概念及使用方法
- ·掌握帧的概念及使用方法
- ·掌握播放头的概念

7.1 图层及其编辑方法

Flash 动画制作主要是通过在时间轴上进行编辑来完成的。对于时间轴，我们已经不陌生了，在前面关于 Flash 工作环境的章节里，我们已经了解了时间轴的基本构成：图层、帧和播放头。在这个章节，我们需要学习如何对图层和帧进行编辑。首先我们介绍图层的编辑方法。

可以这样来理解图层，它就如同透明纸一样，从下到上逐层叠加在一起，下面图层的内容如果与上面图层重叠，就会被上面的图层所遮蔽。

7.1.1 移动图层

例如在"圣诞 Miky"这个文件中，图层"背景"在图层"Miky"下面，此时舞台上的内容显示为 Miky 在背景上，如图 7-1-1 所示。

鼠标单击按住"背景"图层，将其拖曳到"Miky"图层之上，再来看看舞台上的内容。可以看到"Miky"图层上的内容被"背景"图层遮蔽了，如图 7-1-2 所示。

7.1.2 隐藏 / 显示图层

在图层编辑区的上部有"显示或隐藏所有图层"、"锁定或解除锁定所有图层"、"将所有图层显示为轮廓"等操作选项，如图 7-1-3 所示。

图 7-1-1

图 7-1-2

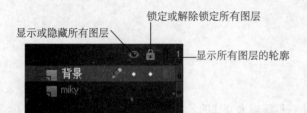

图 7-1-3

　　如何将"背景"图层隐藏,只需在这一图层上对应的"显示或隐藏所有图层"按钮小圆点上单击,小圆点变为 ⊠,则该图层被隐藏,如图 7-1-4 所示。

　　在图 7-1-4 中可以看到,"背景"图层被隐藏了,因此下面未被隐藏的"Miky"图层的内容被显示出来。

图 7-1-4

此时再次单击"背景"图层上对应"显示 / 隐藏所有图层"按钮的 ⊠，则该图层重新显示出来。如果单击"显示 / 隐藏所有图层"按钮，则所有的图层都被隐藏，如图 7-1-5 所示。此时再次单击该按钮，则所有图层又都恢复显示。

图 7-1-5

7.1.3 锁定 / 解除锁定图层

如果锁定某个图层，该图层上的内容就会处于无法编辑状态，只需要单击该图层上对应"锁定或解除锁定所有图层"按钮上的小圆点即可。这一功能在动画制作时很有用，可以防止误操作某些图层上的内容。单击"背景"层的锁定按钮，锁定背景层，如图 7-1-6 所示。

图 7-1-6

注意，此时图层的位置仍然是可以移动的，我们还能像未将其隐藏之前一样，把已经锁定了的"背景"图层拖曳到"Miky"图层之下，如图 7-1-7 所示。

如果单击"锁定或解除锁定所有图层"按钮，则所有的图层都被锁定，如图 7-1-8 所示。再次单击该按钮，则对所有的图层解除锁定。

图 7-1-7

图 7-1-8

7.1.4 显示轮廓

在制作动画时，有时候我们需要看清楚某些内容的轮廓线，此时，按下该图层对应的"显示所有图层的轮廓"的彩色矩形按钮，此矩形按钮变为只有轮廓线的空心矩形，此时该图层上的内容会以轮廓线的方式显示，轮廓线的颜色即为矩形的颜色，如图 7-1-9 所示。

图 7-1-9

如果要显示图层上所有内容的轮廓线，则单击"显示所有图层的轮廓"按钮，则舞台上的所有内容都以轮廓线来显示，如图 7-1-10 所示。想恢复显示内容，再次单击该按钮即可。

图 7-1-10

7.1.5　更改图层名称

如果要更改图层名称，只需单击选中这个图层，然后在图层名称上双击，即可输入新的名称，如图 7-1-11 所示。另一种方法是在选中的图层上，右键单击选择"属性"选项，在弹出的"图层属性"对话框中，在名称右侧键入新的名字。

图 7-1-11

当前选中的图层有一个铅笔图标 ，当该图层被隐藏或者被锁定时，这个铅笔图标会显示为 ，但是这并不影响更改图层名称的操作，如图 7-1-12 所示。

图 7-1-12

7.1.6　添加和删除图层

在图层编辑区域的下部有新建图层、新建图层文件夹和删除按钮，如图 7-1-13 所示。

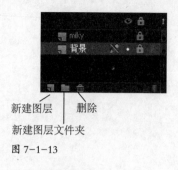

新建图层　　删除

新建图层文件夹

图 7-1-13

1. 插入/删除图层

先选中一个图层，然后单击"新建图层"按钮，则在被选中的图层上新增加一个图层，如图 7-1-14 所示。

图 7-1-14

新增加的图层以"图层"和一个数字排序为默认的图层名称。如果需要的话，可以把它更改为一个合适的名称。

如果要删除一个图层，只需选中这个图层，然后单击代表"删除"的垃圾桶按钮，或者把它拖曳到"删除"的垃圾桶按钮处。

删除图层后，如果再次插入图层，新图层的默认名称的数字排序不受已删除的图层影响，仍然会以曾经添加过的图层总数继续排序。例如当我们删除上图中的"图层 1"，然后插入一个新图层，则新图层会以"图层 2"为默认名称，如图 7-1-15 所示。

图 7-1-15

2. 插入/删除文件夹

"插入 / 删除文件夹"的操作与"插入 / 删除"的操作一样。要添加文件夹，只需要选中需要在其上方添加文件夹的图层，然后单击"新建文件夹"按钮。若要删除文件夹，则选中需要删除的文件夹，然后单击"删除"按钮，或者将其拖曳到"删除"按钮处。更改文件夹名称的方法与更改图层名称的方法是一样的，这里不再赘述。

添加了一个文件夹之后，我们可以把一些图层组织到这个文件夹内。在对图层很多的操作中，这个功能可以帮助我们更有效地管理图层。要把图层组合到一个文件夹内，只需选中这些图层，然后拖曳到文件夹中即可，如图 7-1-16 所示，将"Miky"拖到"文件夹 1"中。

图 7-1-16

如果要把文件夹中的图层取出来，只需选中该图层，然后把它拖曳出文件夹即可。单击文件夹左侧的三角标志，可以折叠或展开文件夹。

提示：需要同时选中几个连续排列的图层时，只需在按住 Shift 键的同时单击这几个图层的最上面一层，然后再单击最下面一层，即可全部选中。如果需要选中不连续排列的几个图层，则需在按住 Ctrl 键的同时，分别单击所要选取的图层。

3. 添加/删除引导层

引导层是 Flash 动画制作过程中很有用的辅助层，它帮助其他图层的对象以引导层上创建的对象对齐。引导层不会导出，因此不会显示在发布的 SWF 文件中。任何图层都可以作为引导层。引导层分为常规引导层和运动引导层，常规引导层帮助其他图对齐对象，运动引导层起到引导下层对象沿引导层中创建的对象的轨迹运动。

在图层上用线条工具创建对齐轨迹，在图层面板选择该图层，右键单击图层，在弹出的菜单中选择"引导层"，如图 7-1-17 左图所示，图层左侧图标变成一个锤子，此图层为常规引层图层。我们可以把相应对象拖动到引导层的线条轨迹上，对象会自动吸附在线条上以达到对齐的目的，如图 7-1-17 右图所示，拖动圆圈对象到蓝色引导线上，圆圈中心点会变大，自动吸附到引导线上。

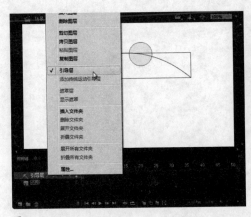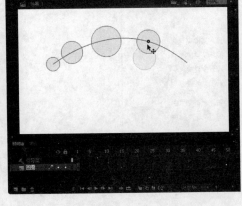

图 7-1-17

若要使对象沿引导层的轨迹运动，需要创建运动引导层。在图层面板上选中需要创建运动引导层的图层，右键单击选中该图层，在弹出的菜单中单击"添加传统运动引导层"选项。这样添加的引导层在该图层上方，默认名称为"引导层："加被引导的图层名，如图7-1-18所示。

图 7-1-18

运动引导层与它所引导的图层呈树状排列，如果把被引导的图层拖出引导层，导致引导层下没有图层时，引导层前面的标志会改变为一个锤子，从而变成常规引导层。要把图层作为被引导的图层，只需要将其拖曳到引导层之下即可。引导层的名称更改以及删除等操作，与前面讲述的图层和文件夹的同类操作一样。运动引导层的用法我们将在后面的章节详细讲解。

4. 图层弹出菜单与图层属性

除了用图层编辑区域的选项按钮来编辑图层之外，我们还可以使用图层弹出菜单上的操作命令。在任意一个图层上右键单击，会弹出一个包含各种命令的菜单，如图7-1-19所示。

图 7-1-19

在某个图层上单击鼠标右键，可应用如下命令。

显示全部：显示所有的图层。

锁定其他图层：锁定除该选中图层之外的所有图层。

隐藏其他图层：隐藏除该选中图层之外的所有图层。

插入图层：在该图层之上插入一个新图层。

删除图层：将该选中图层删除。

剪切图层：可以直接把该图层上所有的对象复制到剪贴板，图层在图层面板上消失，但是图层内容在剪贴板中。

拷贝图层：把该图层所有内容复制到剪贴板，图层还在图层面板中。

粘贴图层：可以把剪贴板中的图层粘贴到任何 Flash 文档中。

复制图层：复制当前图层并直接粘贴到当前文档，并重命名新图层。

引导层：将该选中的图层转变为引导层。

添加传统运动引导层：为该图层添加一个运动引导层。

遮罩层：将该图层转变为遮罩层（说明，遮罩是 Flash 动画的常用效果之一，在后面章节中我们会详细讲述遮罩的使用方法）。

显示遮罩：显示遮罩效果（说明，选择应用该命令，则遮罩层和被遮罩层被同时锁定，舞台上显示遮罩效果）。

如图 7-1-20 左图所示，在背景图中导入一张图片，圆圈图层为遮罩层，在遮罩层中单击右键，在弹出菜单中选择"显示遮罩"，如图 7-1-20 右图所示，遮罩效果就显示出来了。

图 7-1-20

插入文件夹：在该图层上插入一个新建的文件夹。

删除文件夹：该命令应用于文件夹所在的图层，选择应用该命令则删除选中的整个文件夹。

展开文件夹：展开文件夹内的下一级组成内容。

折叠文件夹：关闭文件夹，不显示其组成内容。

展开所有文件夹：展开所有文件夹的组成内容（包括该文件夹中的下级文件夹）。

折叠所有文件夹：关闭所有文件夹，不显示它们的组成内容。

在弹出菜单上还有一个"属性"命令，在这里单击鼠标左键打开属性对话框，可以设定该图层的相关属性，如图 7-1-21 所示。

图 7-1-21

图层属性对话框的部分内容，我们在前面已经了解过了，如更改图层名称、显示图层和锁定图层等。在"类型"一栏，当然可以根据需要，把图层设定为一般图层或者其他类型的图层，以便于转换图层的类型。

在"轮廓颜色"一栏，可以设置该层以轮廓线显示时的颜色。单击该选项，可以在弹出的颜色面板上设定轮廓线的颜色。"图层高度"选项可以设定该图层在时间轴上的具体显示高度。

Flash CC 增强了图层属性设置功能，在以往的版本中，要对多个图层设置属性，需要对每个图层逐一进行设置操作，现在我们可以配合使用 Shift 和 Ctrl 键对多个图层进行批量操作。例如设置多个图层为引导层，可配合使用 Shift 或 Ctrl 键选中要更改的图层，右键单击任一选中图层，选择"属性"，在图层属性面板中设置为"引导层"，这样这些被选中的图层都变成了引导层，如图 7-1-22 所示。

图 7-1-22

该图层属性的批量操作也适用于更改图层颜色、轮廓和图层高度。

7.2 帧及其编辑方法

帧是编排动画的重要组成部分，Flash 动画的时长由帧来组成。各个图层的内容在不同类型的帧中以从左到右的顺序在时间轴上排列。虽然 Flash 中的时间轴针对每个帧都有一个狭槽，但是为了让内容存在于影片中的那个位置，用户必须将其定义为帧或关键帧。

7.2.1 帧的类型

在制作 Flash 动画的过程中，我们可以设定不同类型的帧，以此来实现不同的动画效果。在一个完整的 Flash 文件中，不同的图层中安排了不同类型的帧。我们可以选取某个图层，然后隐藏其他所有图层，然后来看看不同类型的帧有什么样的动画效果，如图 7-2-1 所示。

图 7-2-1

关键帧 ■：一个包含插图的关键帧以纯黑色圆形表示。默认情况下，在 Flash CC 中添加一个新关键帧时，内容（除了动作和声音）将会从前面的关键帧上复制过来。

普通帧 ▮:是前一个关键帧所含内容的延续。

空白关键帧 ▮:不包含任何内容的关键帧。

空白帧 ▮:是前一个空白关键帧的延续。

动作关键帧 ▮:添加了 ActionScript 脚本命令的帧。

音频帧 ▮:添加了声音的帧。

标签关键帧:添加了标签的关键帧,这样就能编写对这些帧执行动作的 ActionScript 代码。标签关键帧的类型有"名称"▮、"注释"▮ 和"锚记"▮。

动画补间帧 ▮:设定了运动补间动画前后两个关键帧的内容,并由 Flash 在中间部分自动添加运动补间效果的帧;还有另外一种传统补间动画帧 ▮,这是 Flash 早期版本的动画补间类型。

形状补间帧 ▮:设定了形状补间动画前后两个关键帧的内容,并由 Flash 在中间部分自动添加形状补间效果的帧。

7.2.2 帧的编辑方法

如要在 Flash 中选取某一帧,只需在该帧上单击即可。如要同时选取一个图层上或者几个图层上连续排列的帧,可以在按住 Shift 键的同时单击选取这几个连续排列的帧的头尾两帧;如要选取几个不连续排列的帧,则在按住 Ctrl 键的同时单击要选取的这些帧。

在选定的帧上单击鼠标右键,可以在弹出菜单中对所选帧进行所需的编辑,如图 7-2-2 所示,弹出菜单上的命令如下。

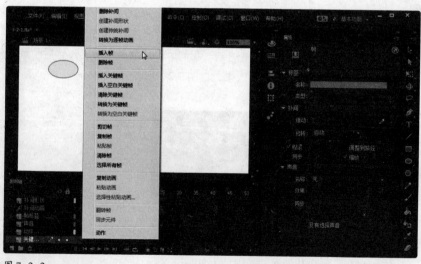

图 7-2-2

创建补间动画：设定一个关键帧，再延续到相应帧数的普通帧。由一个关键帧和相应数量的属性帧组成，系统自动创建属性变化中间区域的补间（适用该选项的项目包括元件、文字）。

创建补间形状：一种对象的形状变化为另外一种对象，颜色、位置等也都随之变化。元件、位图、矢量图和文字，打散后才可以应用。

创建传统补间：在设定了前后两个关键帧的中间区域内创建补间动画。

插入帧：在所选帧所在位置和前一个关键帧之间插入普通帧，快捷键为 F5。

删除帧：如果用户需要删除帧、关键帧或空白关键帧，请先选择时间轴上的帧，然后按快捷键 Shift+F5 或选择"编辑→时间轴→删除帧"。

插入关键帧：插入关键帧，快捷键为 F6。

插入空白关键帧：插入空白关键帧，快捷键为 F7。

清除关键帧：清除关键帧的内容，使其变为普通帧，快捷键为 Shift+F6。

转换为关键帧：将所选帧转为关键帧。

转换为空白关键帧：将所选帧转为空白关键帧。

剪切帧：将所选帧剪切掉。

复制帧：复制一份所选帧。

粘贴帧：将已被剪切或者复制的帧粘贴在所选帧的位置。

清除帧：清除所选帧的内容，使其变为空白关键帧或空白帧。

选择所有帧：选择该 Flash 动画中的所有帧。

翻转帧：将这一图层上所有帧的排列顺序翻转为倒序排列。

同步元件：使图形元件与时间轴的播放速度同步。

7.2.3 帧的查看方式

时间轴顶部有表示帧所在位置的编号以及播放头。如果需要查看某个帧的内容，只需将播放头移动到这一帧，或者在这一帧上单击鼠标左键即可。在时间轴的底部有一些与查看帧相关的选项按钮，如图 7-2-3 所示。

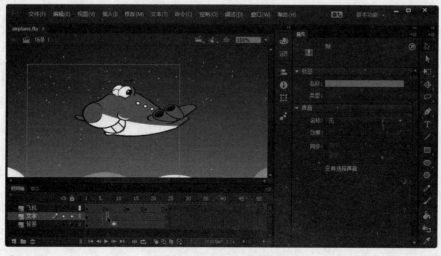

图 7-2-3

　　从 Flash CS6 开始，时间轴面板增加了播放控制工具栏，如图 7-2-4 所示，它提供了帧播放、停止、前进一帧、后退一帧、转到最后一帧和转到第一帧按钮，这些播放控制工具方便我们对动画进行逐帧调整。

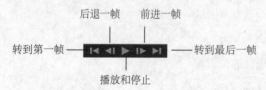

图 7-2-4

　　循环 ⤢：循环按钮与播放控制工具栏配合使用，未选中此按钮时，点击时间轴上的播放按钮，仅播放一次；如果选中此按钮，时间轴上会自动框选出一段帧，点击播放按钮会无限重复播放这段已框选的帧，这个功能对于调试动画很有帮助。

　　帧居中 ⊹：将当前帧置于时间轴的中心，这一选项对于已经超出时间轴中心的帧才起作用。单击"修改标记" ⬚选项，出现如图 7-2-5 所示的菜单。

图 7-2-5

绘图纸标记在时间轴顶部表现为一个被框选的区域，该框选区用来指定绘图纸标记的作用范围，如图 7-2-6 所示。

绘图纸

图 7-2-6

始终显示标记：显示或者关闭绘图纸显示标记。

锚定绘标记：指定绘图纸，使其不能移动。

标记范围 2：绘图纸的长度为左右各 2 帧。

标记范围 5：绘图纸的长度为左右各 5 帧。

标记整个范围：绘图纸的长度为所有帧。

Flash CC 对时间轴范围标记也做了改进，允许比例扩展或收缩时间轴范围。按住 Ctrl 键的同时拖动鼠标，可以按比例移动播放头任意一端的范围标记。可以将跨时间轴的循环范围移动到任何需要的位置。在以前的版本中，必须拖动两个范围标记才能移动范围。而在 Flash CC 中，可以通过按住 Shift 键并拖动时间轴上的任意一个标记来移动范围。

绘图纸外观 ▣：配合绘图纸的长度，选中"绘图纸外观"按钮可以在工作区同时查看绘图纸范围内几个连续帧的内容，如图 7-2-7 所示。

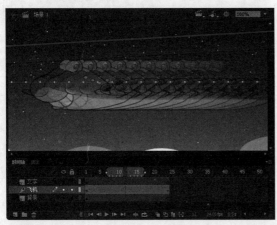

图 7-2-7

绘图纸外观轮廓 ⬚：配合绘图纸的长度，选中"绘图纸外观轮廓"按钮，可以在工作区同时查看绘图纸范围内几个连续帧的内容轮廓，如图 7-2-8 左图所示。

编辑多个帧 ⬚：配合绘图纸长度，选中"编辑多个帧"按钮，可以在工作区同时显示绘图纸长度范围内的关键帧，如图 7-2-8 右图所示。

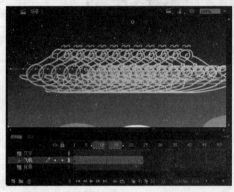

图 7-2-8

时间轴底部另外还有几个数字，它们分别表示当前帧所在位置的编号、帧速率以及播放时间，如图 7-2-9 所示。值得注意的是，在早期的版本中，帧速率默认值为 12，Flash CC 中已经提升为每秒 24 帧，这将会使动画播放的过程更为流畅。

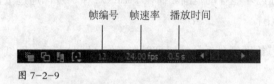

图 7-2-9

我们可以拖动帧速率的数值调整其大小，也可以在文档属性面板中重新设定它的数值，如图 7-2-10 所示。

图 7-2-10

7.2.4 时间轴的"帧视图"弹出菜单

在时间轴的右上角有一个按钮，鼠标左键单击它即可打开"帧视图"弹出菜单，如图 7-2-11 所示。下面具体介绍一下各个选项的应用。

图 7-2-11

很小、小、标准、中、大：用来调整帧的单元格的宽度。

预览：显示每个帧的内容缩略图。

关联预览：显示每个完整帧（包括空白空间）的缩略图。

较短：缩小单元格的高度。

基于整体范围的选择：Flash CC 的新功能。选中此项后，当鼠标点击动画补间范围中任意一帧时，即可选中整个补间的所有帧。

经典动画方式 8

学习要点

· 掌握 Flash 动画的种类
· 掌握逐帧动画的制作
· 掌握形状补间和传统补间动画的制作
· 掌握影片剪辑的制作
· 掌握遮罩动画的制作

8.1　逐帧动画

在学习动画前，先来了解一下动画的原理。实际上动画的原理和电影或电视的原理是一样的，它利用人眼的视觉特性，当人眼睛看到一张图像时，它的成像会短时间停留在人的视网膜上。如果紧接着再放一张张略微改动的画面，人眼就会把这一张张静态的图像串联起来，形成一个运动的效果。

一般电影或电视的播放频率是每秒 24 帧或 25 帧（NTSC 制式和 PAL 制式），也就是说每秒播放24 或 25 张静态画面。Flash 之前一些版本中默认为每秒 12 帧，现在已经每秒 24 帧了。如果你想用Flash 制作在电视上播放的动画片，最好也按照每秒 25 帧制作（国内一般采用 PAL 制式）。

逐帧动画，就是按照动画形成的原理来制作的，也就是一帧帧地把相应的动作图片绘制出来，然后 Flash 动画通过帧在时间轴上按照从左到右的顺序播放而形成。逐帧动画是最简单的 Flash 动画类型。逐帧动画的制作就是在时间轴上按动画过渡需要制作每一个关键帧。

我们将事先准备好的两幅图片导入到舞台中，对不同帧设置相应的内容来完成一只小狗眨眼的动画。

1. 新建 Flash 文档，按快捷键 Ctrl+R，将小狗眼睛不同状态的两张图片导入到舞台中。时间轴默认的第一个空白关键帧会自动转换为关键帧，此时两张图片重叠在一起，两张图片的大小一致，如图 8-1-1 所示。

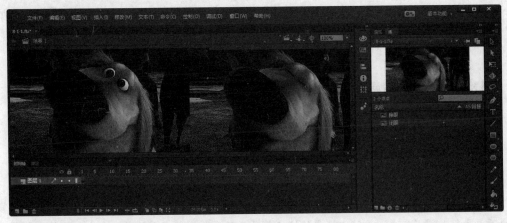

图 8-1-1

2．选择"睁眼"的小狗图片，在属性面板中的位置和大小栏中设置 x 坐标和 y 坐标为 0，使图片与舞台左上角对齐。在时间轴上的第二帧处，按快捷键 F6 插入一个关键帧或者单击鼠标右键，在弹出的菜单中选择"插入关键帧"命令，插入一个关键帧，这个关键帧会自动复制上一个关键帧的内容。

3．回到第一帧，删除"闭眼"的小狗图片，让第一帧显示小狗睁着眼睛；选择第二帧，删除"睁眼"的小狗图片，选择"闭眼"的小狗图片，在属性面板中设置 x 和 y 坐标的值为 0，使"闭眼"小狗与"睁眼"小狗的图片在同一个位置，如图 8-1-2 所示。

图 8-1-2

4．这样我们就做好了两帧动画，第一帧小狗睁着眼睛，第二帧小狗闭着眼睛，两帧循环播放就能看到小狗眼睛一眨一眨的效果。选择菜单栏的"控制→播放"命令来查看两帧动画的效果，也可以选择"控制→测试影片"命令来查看动画输出效果。

Flash 默认的帧速率是 24，在查看动画效果时发现小狗眼睛眨得飞快，太不真实，我们需要放缓两帧动画的播放速度，使得动画更真实。可以单击时间轴下部的"帧速率"按钮，显示输入框，输入较小的帧速率值，如图 8-1-3 所示。

图 8-1-3

提示：调整时间轴上的帧速率意味着调整了所有图层的帧的播放速度。在大多数时候，我们制作的动画由很多图层组成，要注意输出的帧速率是否适合所有图层上的动画。为保险起见，我们可以不调整帧速率，而是通过在图层上添加或者删除普通帧的方式来放缓或者加快动画的播放速度。

在这个例子中，我们可以分别选中两个关键帧，按快捷键 F5 在第一帧和第二帧之间插入几个普通帧，并延长第 2 帧，这样也可以放缓两个关键帧的播放速度，如图 8-1-4 所示。

图 8-1-4

由于逐帧动画在 Flash 中是一帧一帧地记录和播放的，因此它会导致 Flash 的文件量比较大。在 Flash 中，还有一种补间动画，在制作这种动画时，我们只需要制作出关键帧，然后让 Flash 自动生成中间部分的帧的变化，这样就能大大减小文件量，也会使动画比较自然流畅。

8.2 传统补间动画

传统补间分为传统补间动画和形状补间动画两种。形状补间动画就是可以让用户将一个形状逐渐变形或变为另一个形状。

8.2.1 形状补间动画

制作形状补间动画的要素有两个，一是形状补间只能用于打散了的图形对象，如分离的组、实例、位图图像或者文本等；二是必须设定形状补间动画的初始帧和结束帧这两个关键帧。

简单的形状补间动画

下面我们通过两个分离后的字母图形，让 Flash 在这两个字母图形对象之间生成一个形状补间动画。

1. 新建 Flash 文档，用文本工具在舞台上输入字母"a"，设置字体为"Impact"，大小为 200，颜色为蓝色，按快捷键 Ctrl+B 将文字打散，如图 8-2-1 左图所示；选择第 20 帧，按快捷键 F6 插入关键帧，删除图形字母"a"，同样使用文字工具，在原来字母"a"的位置输入一样大小的字母"b"，颜色为绿色，并按快捷键 Ctrl+B，将文字打散，如图 8-2-1 右图所示。

图 8-2-1

2. 这样我们就设置好了开始帧和结束帧，开始帧是字母"a"，结束帧是字母"b"。在两帧之间用鼠标右击任意一帧，在弹出的菜单中选择"创建补间形状"，如图 8-2-2 左图所示。

3. 在属性面板中单击"缓动"，在缓动输入框中，我们可以设置形状补间的变形速率，从 1 至 100 的正值为从初始关键帧到结束关键帧由快到慢变化的速率，从－1 至－100 的负值为从初始关键帧到结束关键帧由慢到快变化的速率。我们也可以使用"缓动"后面的热区文字进行相应的拖曳。

在属性面板的"混合"选项中，我们可以根据图形的特点选择"分布式"或者"角形"。其中"分布式"生成的形状补间动画的中间形状更为平滑，而"角形"的中间形状会留有明显的角或直线。

4. 完成后的形状补间动画的帧在时间轴上为绿色，从初始关键帧到结束关键帧之间有一个箭头。我们可以拖动播放头来查看 Flash 自动生成的中间帧的效果，如图 8-2-2 右图所示。

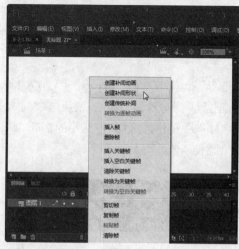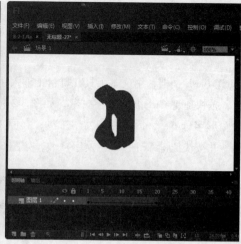

图 8-2-2

使用提示点的形状补间动画

有时候，对于比较复杂的图形对象，补间变形的效果可能满足不了我们的需求，这时候我们可以给初始帧上的图形和结束帧上的图形添加对应的提示点，添加形状提示点可制作点到点的精确变形动画，这样可以帮我们更精确地控制图形的变形。

添加形状提示点不是越多越好，要根据实际情况而定，通常放在动画变化时纠结处的边缘，提示点以字母标识，最多是 26 个（即 26 个字母）。

我们以上个字母变形的动画为例，使用添加形状提示点来精确改变字母变形的过程。如图 8-2-3 所示，在第一帧选择字母图形"a"，选择菜单"修改→形状→添加提示点"，为字母"a"添加一个形状提示点"a"，此时为红色，表示提示点未添加成功，拖动提示点到图形左上角。

选择第 20 帧，把形状提示点"a"移到字母"b"的右下角，直到形状提示点变为绿色，第一帧提示点变为黄色，此时提示点添加成功，如图 8-2-3 所示。

第 1 帧（初始关键帧）

第 20 帧（结束关键帧）

图 8-2-3

拖动时间轴查看字母的变形过程，与之前的变形过程不同，添加提示点的补间动画，精确地控制了形状变形的方向。

8.2.2 传统补间

在 Flash 中，传统补间除了有形状补间之外，还有一种更常用的类型，即创建传统补间。应用传统补间的必要条件如下：应用对象必须是元件、文本对象、组合或位图，设定开始关键帧和结束关键帧。

传统补间动画是制作动画的一种方法，它在起始关键帧和结束关键帧中分别设定一个对象的位置和属性，然后在两个对象之间推算将发生的动画。除了位置，补间动画还能实现缩放、色调、透明度、旋转和扭曲的动画效果。

1. 移位动画——对象在舞台上进行位移的补间动画

这里，我们来制作一个简单的移位动画。

(1) 新建一个 FLash 文档，导入背景图片，并把"图层 1"名称改为"背景"。单击属性面板中的"编辑文档属性"按钮，在弹出的文档设置面板中选择匹配内容，单击确定，这时舞台的尺寸与背景图的尺寸一样，如图 8-2-4 所示。

图 8-2-4

(2) 锁定"背景"图层，单击新建图层按钮，在"背景"图层上新建一层名为"汽车"的图层，使"汽车"图层处于选中状态，选择"文件→导入→导入 到舞台"命令，把汽车素材导入到图层中，选择"汽车"素材，按快捷键 F8，把汽车素材转换为图形元件，然后调整汽车素材到背景的左下方，如图 8-2-5 所示。

图 8-2-5

（3）分别在两个图层的第 30 帧处单击鼠标右键，在弹出菜单中选择"插入帧"，这样两个图层都有 30 帧的长度。

（4）选中"汽车"图层的第 30 帧，按快捷键 F6 转变为关键帧。选中该关键帧，在舞台上将汽车对象移到舞台最右侧，如图 8-2-6 所示。

图 8-2-6

（5）右键单击选中"汽车"图层上的普通帧，然后在弹出菜单上选择"创建传统补间"，一个运动补间动画就生成了，如图 8-2-7 所示。

图 8-2-7

（6）按快捷键 Ctrl+Enter 来测试影片，可以看到汽车从左到右行驶的动画。我们也可以通过查看绘图纸外观，来观察这个运动补间动画是如何实现的，如图 8-2-8 所示。

图 8-2-8

运动补间动画的相关选项

当 Flash 生成运动补间动画时，对应的属性面板有一些相关选项，我们可以通过调整某些选项的参数来改变动画效果，如图 8-2-9 所示。

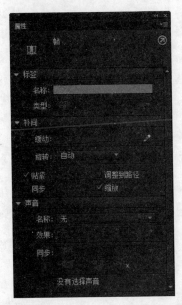

图 8-2-9

下面是运动补间动画的各个选项的说明。

缩放：如果动画有大小变化，可以勾选该项。

缓动：与前面学过的形状补间类似，我们在这个选项设定动画变化的速率，从 1 至 100 的正值为从初始关键帧到结束关键帧由快到慢变化的速率，从 - 1 至 - 100 的负值为从初始关键帧到结束关键帧由慢到快变化的速率。我们可以通过"缓动"选项旁的文字进行拖曳。

编辑缓动：在缓动右侧的按钮可以自定义缓入 / 缓出。

旋转：对旋转动画进行设置。其中，"无"表示不设置旋转动画；"自动"表示设定为自动补间；"顺时针"表示旋转方向为顺时针；"逆时针"表示旋转方向为逆时针。在这个选项框中设置旋转动画之后，还可以在右边的选项框设置旋转的次数。

调整到路径：勾选这个选项可以使运动补间对象在沿着路径运动时显得更自然。

同步：使图形元件实例的动画和主时间轴同步。每个图形元件的实例都有各自的时间轴，而图形元件又可以作为主时间轴上动画的对象。当主时间轴在播放动画的同时，影片剪辑自己的动画也在播放，这就能创建出丰富的动画效果。使用同步选项，Flash 会重新计算补间的帧数，从而匹配时间轴上分配给它的帧数。

在汽车这一动画中，我们可以在属性面板中对"缓动"和"编辑缓动"这两个选项来做一点调整。例如，我们可以将缓动值调到 - 100，让汽车由慢到快地运动，如图 8-2-10 所示。

图 8-2-10

单击属性面板中的缓动值右侧的"编辑缓动"按钮 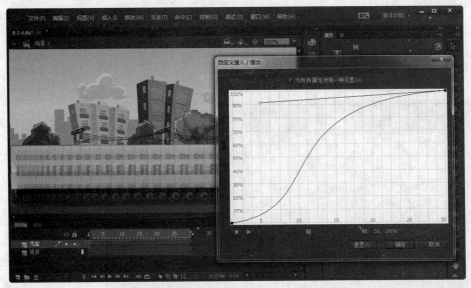，我们可以在弹出的面板中拖动曲线，来更自如地设置运动补间动画的运动效果，如图 8-2-11 所示。

图 8-2-11

在弹出面板上单击播放按钮 ▶ ，可以在舞台上查看效果，单击停止按钮 ■ 则将停止舞台上正在演示的动画。

在默认状态下，"为所有属性使用一种设置"复选框是勾选的；如果不选，则可以对不同属性的动画定义不同的设置，如图 8-2-12 所示。

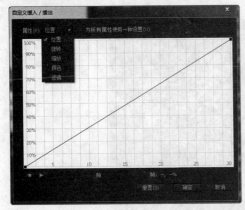

图 8-2-12

2. 引导线运动

除了简单移位的运动补间动画之外，我们还可以用运动补间和引导线来制作更为复杂的移位动画，比如沿着路径运动的移位动画。

（1）新建 Flash 文档，按快捷键 Ctrl+R 导入一张路的背景图到舞台，在舞台右侧的属性面板单击"编辑文档属性"按钮，在弹出的"文档属性"设置对话框中选择匹配内容，回到图层，把"图层 1"重命名为"背景"，锁定"背景"图层，如图 8-2-13 所示。

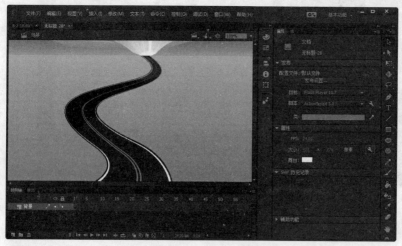

图 8-2-13

（2）在背景图层上新建一层名为"跑道"的图层，右键单击图层，在弹出菜单中选择"引导层"。选择利用钢笔工具，设置笔触高度为 2，笔触颜色为红色，沿路的中间绘制一条随路弯曲的路径，如图 8-2-14 所示。

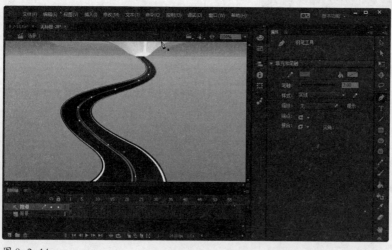

图 8-2-14

（3）在"跑道"上新建一层名为"汽车"的图层，将"汽车"图层拖到引导层下，这时引导层为变成带虚线图标的运动引导层。按快捷键 Ctrl+R 导入准备好的汽车素材。选汽车图形，将其转换为图形元件。使用任意变形工具调整它的大小和车头的角度，移动这个对象，将它的中心点与引导线的开始端贴紧，如图 8-2-15 所示。

图 8-2-15

现在我们有了三个图层，从上而下分别"引导层"、"汽车"和"背景"。

（4）按住 Shift 键，选中这三个图层的第 60 帧，按快捷键 F5 或在帧上单击右键，在弹出菜单中选择"插入帧"命令，这时三个图层的帧长度都是 60。选择图层"汽车"的第 60 帧，按快捷键 F6 将该帧转换为关键帧，使用选择工具，将汽车的中心点与路径的上端（结束端）贴紧。

（5）接下来，我们用制作简单的移位动画的方法来尝试制作这个路径动画。右键单击"汽车"图层中的 1~60 帧中的任意普通帧，然后在弹出的菜单选项中选择"创建传统补间"，一个沿着路径运动的运动补间动画就生成了，如图 8-2-16 所示。

（6）我们来看看这个运动补间动画的效果。按快捷键 Ctrl+Enter 测试影片输出效果，或者将播放头放置在第 1 帧，按 Enter 键，在舞台上查看帧的演示。我们也可以在舞台上用"绘图纸外观"来查看帧的运动变化。我们会发现虽然汽车沿着引导层的路径运动，但是它并没有沿着路径偏转车身，效果非常不自然，如图 8-2-17 所示。

（7）如何使汽车沿着路径自然行驶呢？选择"汽车"图层第一帧,在属性面板勾选"调整到路径"复选框，再来查看动画效果，如图 8-2-18 所示。

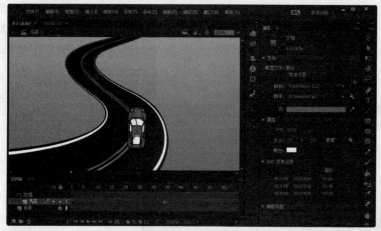

图 8-2-16

图 8-2-17

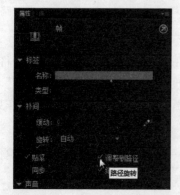

图 8-2-18

看似复杂的问题就这样被神奇地解决了。由此我们得知，当我们想制作让对象沿着比较曲折的路径运动的运动补间动画时，应该勾选"调整到路径"选项，这会使对象的移动比较自然。现在我们来总结一下制作沿着引导路径运动的运动补间动画的要点。

在引导层必须绘制一个有开始端和结束端的路径。注意，引导层的路径只是起到辅助动画制作的作用，它在输出的动画中是不显示的。

在被引导的图层上，在开始关键帧处将对象的中心点与引导层路径的开始端对齐，在结束关键帧处将对象中心点与引导层路径的结束段对齐。如果遇到路径比较曲折的情况，则需在属性面板勾选"调整到路径"，以获得自然的动画效果。

3. 缩放动画

在 Flash 动画制作中，我们还可以利用缩放对象来制作出相应的补间动画。这种动画可以用来表现画面远近的变化，例如将画面从近景拉到远景。在上一个例子中，汽车沿着路径运动并沿着路径调整车身，看起来汽车沿着公路驶向了远方，但是汽车的体积却没有随着汽车的远去而变小，看起来不真实。接下来我们通过缩放动画的制作来让汽车动画符合近大远小的原则，使动画更加逼真。

（1）单击"汽车"图层的第一帧，利用任意变形工具，调整汽车与公路的大小比例，如图 8-2-19 所示。在任意变形的操作中，按住 Shift 键使汽车等比缩放，并且保证汽车的中心点仍然与路径起始端点紧贴。

图 8-2-19

（2）单击"汽车"图层的第 60 帧，以同样的方法缩小汽车对象至合适大小，并保证汽车对象中心点仍与路径结束端点紧贴，如图 8-2-20 所示。汽车运动到地平线的消失点处会变得很小，甚至看不见，在操作的时候可以按快捷键"Ctrl+ +"来放大舞台。

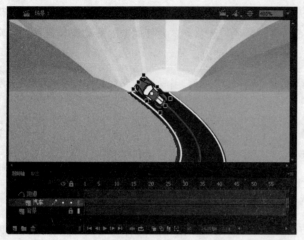

图 8-2-20

（3）选择"汽车"图层补间中的任意一帧，在舞台右侧的属性面板中勾选"缩放"选项。按快捷键 Ctrl+Enter 测试影片或者将播放头移到第 1 帧处，按 Enter 键在舞台上查看帧的演示，我们可以看汽车由近到远行驶至消失的动画。由于汽车具有了缩放动画效果，使得整个动画更加逼真，如图 8-2-21 所示。

图 8-2-21

4. 旋转动画

使用运动补间还可以轻松实现对象旋转的动画，现在我们来尝试制作一个时钟的动画。

（1）新建一个 Flash 文挡，导入已绘制好的时钟素材，时钟包括表盘、时针、分针和秒针。分别把这四个图形转换成图形元件，在舞台上依顺序拼好时钟，如图 8-2-22 所示。

图 8-2-22

（2）接下来，我们要使用一个有趣的"分散到图层"功能，将组成这个时钟的 4 个元件实例"表盘"、"时针"、"分针"和"秒针"分散到不同的图层上。全选舞台上所有元件实例，单击鼠标右键，在弹出菜单上选择"分散到图层"，或者在菜单栏选择"修改→时间轴→分散到图层"。

执行"分散到图层"命令之后，时间轴上便新增 4 个分别以这 4 个元件名为名称的图层，每个图层有一个包含这个元件实例的关键帧，图层的前后顺序依据原图层中对象的排列顺序新建。

（3）按住 Shift 键不放，先单击最上层第 24 帧，再单击最下层第 24 帧，这时将选中所有图层的第 24 帧，或者在最上层的第 24 帧按住鼠标左键，向下拖动至最下层的第 24 帧，也可实现全选所有层的特定帧。按快捷键 F5，在所有图层的第 24 帧插入帧，然后在图层"秒针"的第 24 帧按快捷键 F6，将其转换为关键帧，如图 8-2-23 所示。

图 8-2-23

（4）选中图层"秒针"的第 1 帧，右键单击，在弹出菜单中选择"创建传统补间"，在右侧属性面板里，选择旋转一项为"顺时针"，旋转次数为 1 次，也就是在 24 帧的长度里，秒针将按顺时针旋转 1 次。

（5）按快捷键 Ctrl+Enter 测试影片或者将播放头放置在第 1 帧处按 Enter 键，查看帧的演示效果。可以看到"秒针"绕自己的中心点旋转，并没有按我们预想的那样，绕时钟表盘中心旋转，这是因为我们没有把旋转的中心点设置好。

（6）使用任意变形工具选择秒针图形，将中心点移动至盘表中心，如图 8-2-24 左图所示。操作过程中如果不好确定中心点是否与表盘中心点重叠，可放大舞台进行操作。

（7）按快捷键 Ctrl+Enter 测试影片或者将播放头放置在第 1 帧处按 Enter 键测试影片，显示"绘图纸外观"，可以更清楚地观察旋转动画的帧是如何变化的，如图 8-2-24 右图所示。

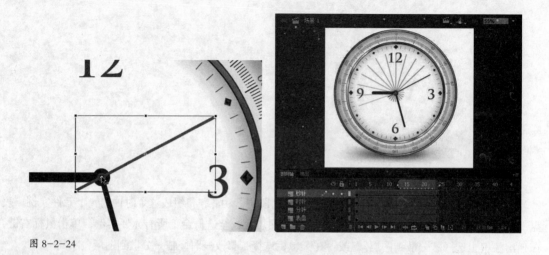

图 8-2-24

5. 变色动画

运用传统补间动画还可以通过舞台上的实例改变亮度、色调和透明度，从而创建动画。下面来制作一个由白天变为黑夜的变色动画。

（1）新建一个 Flash 文档，在舞台上导入一张蓝天白云的背景图，在舞台右侧的属性面板中点击"编辑文档属性"按钮，在"文档属性"对话框中设置匹配内容。选择背景图，按 F8 键把背景图转换为图形元件，修改图层名为"背景"，如图 8-2-25 所示。

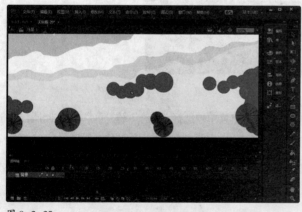

图 8-2-25

（2）在"背景"图层上新建一个名为"房子"图层，导入房子素材，按 F8 键将房子素材转换为图形元件，使用选择工具调整房子与背景之间的位置，如图 8-2-26 所示。

图 8-2-26

（3）我们要制作的效果是白天过渡到夜晚的情景，背景和房子变暗，灯光慢慢亮起来。我们需要绘制一些灯光从窗户上透出来，为此，在"房子"图层上新建一个名为"灯光"的图层。使用矩形工具，在工具属性面板上设置笔触为无，填充色为白色，随机在房子的窗户上绘制与窗户大小一致的白色矩形作为灯光。全选绘制好的矩形，按 F8 键将这些白色矩形转换为图形元件，如图 8-2-27 所示。

图 8-2-27

（4）鼠标框选所有图层的第 60 帧，按 F6 键插入关键帧。选中"背景"图层第 60 帧，在舞台上选中背景元件的实例，回到舞台右侧的属性面板，在"色彩效果"栏的"样式"下拉菜单中选择"色调"，点击下拉菜单栏右侧的色块，设置颜色为黑色，拉动色调滑块调整数值为 85，这时背景图就变为黑色调。右键单击"背景"图层的普通帧，在弹出菜单中选择"创建传统补间"，这样，一个逐渐改变对象的色调动画就做好了，如图 8-2-28 所示。

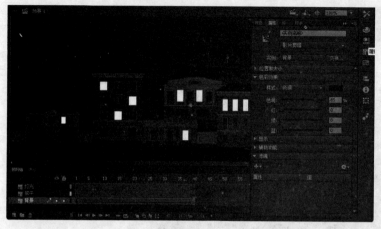

图 8-2-28

（5）环境光线变暗，物体也会变暗，我们来改变房子的亮度。选择"房子"图层的第 60 帧，选中房子图形实例，在属性面板"色彩效果"栏的"样式"中选择"亮度"，亮度值从 -100~100，负值变暗，正值变亮。这里我们拖动滑块，设置亮度值为 -60。回到时间轴面板，在"房子"图层上的任意普通帧右键单击，在弹出菜单中选择"创建传统补间"，一个逐渐改变对象亮度的动画就制作完成了。

（6）接下来我们来设置灯光的动画，灯光在白天的时候是不亮的，夜晚才慢慢亮起来，所以在第 1 帧灯光要消失。以同样的方法，选择"灯光"图层的第 1 帧，选择灯光对象，在属性面板"色彩效果"栏的"样式"中选择"Alpha"，Alpha 为对象透明度，数值从 0~100，0 为完全透明，这里设灯光透明度为 0。右键单击该图层的普通帧以创建传统补间，一个对象淡出的动画就制作完成了，如图 8-2-29 所示，至此由白天变为黑夜的场景动画便制作完成了。

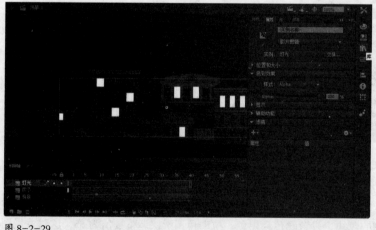

图 8-2-29

（7）按快捷键 Ctrl+Enter 测试影片，我们可以看到动画过程中，环境慢慢变为暗色调，房子亮度变低，灯光慢慢亮起来进入夜晚。

当我们在舞台上选中一个元件的实例时，它所对应的属性面板的"色彩效果"一栏，除了亮度、色调和透明度之外，还有两个选项，"无"和"高级"。

- "无"选项取消对象的所有色彩效果。

- "亮度"控制选中元件的亮度（亮或暗），百分比滚动条的范围从-100%（黑色）到100%（白色）。

- "色调"用一个指定的RGB颜色给选中的元件着色。我们可以从色调的调色板中选择一种颜色，然后使用滚动条修改指定颜色的百分比。设置范围从100%（完全饱和）到0%（根本不包含指定的颜色），可以上下移动R、G、B颜色的滚动条来选择颜色。

- "高级"选项可以让我们自由设定实例的颜色。单击这个选项，属性面板里出现调节实例颜色的选项。

- "Alpha"选项用来调节实例的透明度。单击"Alpha"，在属性面板的输入框内输入数值或者调节滑块来调整透明度值，如图8-2-30所示。

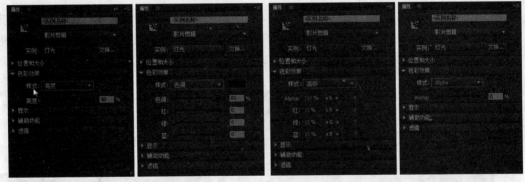

图 8-2-30

影片剪辑动画

影片剪辑能包含多个图层、图形元件和按钮元件，甚至是其他影片剪辑元件以及动画、声音和ActionScript。影片剪辑独立于主时间轴而运作。即使主时间轴已经停止，它们仍能继续播放，而且不管影片剪辑的时间轴有多长，它们只要求主时间轴上单一的一个帧来播放。

8.3 遮罩动画

遮罩动画在 Flash 动画制作中很常用。我们看到的一些眩目的图形、文字交错变换的效果、水中涟漪的效果和放大镜效果等，都可以用遮罩动画来实现。

遮罩是隐藏和显示图层区域的技术。遮罩层是一个特殊图层，它定义该图层下方的可见图层。只有遮罩层中形状下方的图层是可见的。下面我们通过一个实例来初步认识一下遮罩原理。

1. 新建一个 Flash 文档，在舞台上导入一个位图，如图 8-3-1 左图所示。在图层 1 上插入一个新图层，选中新图层，在舞台上绘制一个绿色的多边形，如图 8-3-1 右图所示。

图 8-3-1

2. 选中图层 2，单击鼠标右键，在弹出菜单中选择"遮罩层"，这样就将图层 2 定义为遮罩层了，如图 8-3-2 左图所示。图层 2 被定义为遮罩层的同时，它下面的图层 1 被定义为被遮罩层，两个图层同时被锁定，如图 8-3-2 右图所示。

图 8-3-2

此时我们可以在舞台上看到，在图层 1 上，被图层 2 上的遮罩项目所覆盖的部分在舞台上是可见的，而未被覆盖的部分则是不可见的。因此，我们在舞台上看到了一个显示位图的五角星。

提示：Flash 会忽略遮罩层中的位图、渐变色、透明、颜色和线条样式。在遮罩中的任何填充区域都是完全透明的，而任何非填充区域都是不透明的。

遮罩动画的制作要素有：可以把填充的形状、文字对象、图形元件的实例或影片剪辑作为遮罩层上的内容；一个遮罩层只能有一个遮罩项目；至少有两个以上的图层，一个是设置了遮罩范围的遮罩层，另一个是被应用遮罩的图层，被应用遮罩的图层可以是多个图层。

到此动画的制作已经全部讲完，在下面的章节中，我们会讲到 Flash CC 中的补间动画功能。

9

补间动画

学习要点

- 掌握补间动画与传统补间动画的区别
- 掌握补间动画的创建
- 掌握动画预设的使用

9.1　理解补间动画的概念

补间动画，术语"补间"（tween）来源于单词"中间"（in between），是通过为补间对象的属性在不同帧指定不同值而创建的动画。Flash 计算这两个帧之间该对象属性值的变化。

例如，在第一帧将一个元件放置在舞台左侧，在第 20 帧中，将元件放置在舞台右侧，当创建补间动画时，Flash 会计算影片剪辑从左到右每一帧中移动的距离，即在补间范围的每一帧中，影片剪辑在舞台上移动二十分之一的距离，如图 9-1-1 所示。

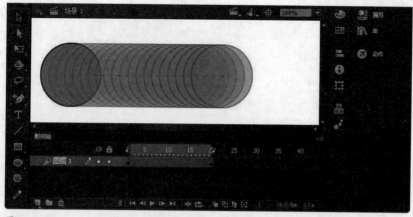

图 9-1-1

补间动画是一种在最大程度地减小文件大小的同时，创建随时间移动和变化的动画的有效方法。在补间动画中，只有指定的属性关键帧的值存储在 FLA 文件和发布的 SWF 文件中。下面来了解补间动画涉及的一些概念。

9.1.1 补间动画相关概念

1. 补间范围

时间轴中的一组帧，其中的某个对象具有一个或多个随时间变化的属性。补间范围在时间轴中显示为具有蓝色背景的单个图层中的一组帧。可将这些补间范围作为单个对象进行选择，并从时间轴中的一个位置拖到另一个位置，包括拖到另一个图层。在每个补间范围中，只能对舞台上的一个对象进行动画处理。此对象称为补间范围的目标对象，如图 9-1-1 所示。

图 9-1-2

2. 属性关键帧

在补间范围中为补间目标对象显示定义一个或多个属性值的帧。这些属性包括位置、alpha（透明度）、色调，等等。定义的每个属性都有它自己的属性关键帧。如果在单个帧中设置了多个属性，则其中每个属性的属性关键帧会驻留在该帧中。

在上述对从第 1 帧到第 20 帧的影片剪辑进行补间的示例中，第 1 帧和第 20 帧是属性关键帧，在时间轴中显示为黑色的菱形。可以在 Flash 中通过属性面板和其他工具来定义想要呈现动画效果的属性的值。可在所选择的帧中指定这些属性值，Flash 会将所需的属性关键帧添加到补间范围，为所创建的属性关键帧之间的帧中的每个属性插入属性值。

从 Flash CS4 开始，"关键帧"和"属性关键帧"的概念已经改变。术语"关键帧"是指时间轴中其元件实例首次出现在舞台上的一个帧。另一个术语"属性关键帧"是指为补间动画中特定时间或特定帧的对象属性定义的值。

3. 运动路径

补间对象在补间过程中更改其在舞台位置，补间范围会创建与之关联的运动路径。此运动路径显示补间对象在舞台上移动时所经过的路径，如图 9-1-3 所示。

可以使用选取、部分选取、转换锚点、删除锚点和任意变形等工具以及"修改"菜单中的命令来编辑舞台上的运动路径。如果不是对位置进行补间，则舞台上不显示运动路径。可以将现有路径应用为运动路径，方法是将该路径粘贴到时间轴中的补间范围上。

图 9-1-3

4. 可创建补间的对象和属性

可补间的对象类型包括影片剪辑、图形和按钮元件以及文本字段。

可补间的对象的属性包括：

2D x 和 y 位置；

3D z 位置（仅限影片剪辑）；

2D 旋转（围绕 z 轴）；

3D x、y 和 z 旋转（仅限影片剪辑），3D 动画要求 FLA 文件在发布设置中面向 ActionScript 3.0 和 Flash Player 10 或更高版本；

倾斜 x 和 y；

缩放 x 和 y；

滤镜属性（不能将滤镜应用于图形元件）；

颜色效果：色彩效果包括 alpha（透明）、亮度、色调和高级颜色设置。颜色效果只能在元件上进行补间。通过补间这些属性，可以创建淡入某种颜色或从一种颜色逐渐淡化为另一种颜色的效果。若要在传统文本上补间颜色效果，请将文本转换为元件。

9.1.2 补间动画与传统补间的区别

补间动画是从 Flash CS4 开始引入的，它功能强大且易于创建。通过补间动画可对补间的动画进行最大程度的控制。传统补间是上一章节已经讲过的经典动画方式，在创建过程更为复杂。虽然补间动画提供了更多对补间的控制，但传统补间提供了某些用户需要的特定功能。以下是两者的主要区别。

· 传统补间使用关键帧，关键帧是其中显示对象的新实例的帧。补间动画只能具有一个与之关联的对象实例，并使用属性关键帧而不是关键帧。

· 补间动画在整个补间范围上由一个目标对象组成。传统补间允许在两个关键帧之间进行补间，其中可以包含不同元件的实例。

· 补间动画和传统补间都只允许对特定类型的对象进行补间。在将补间动画应用到不允许的对象类型时，Flash 在创建补间时会将这些对象类型转换为影片剪辑。应用传统补间会将它们转换为图形元件。

· 补间动画可对文本对象创建补间动画，而不会将文本对象转换为影片剪辑。传统补间会将文本对象转换为图形元件。

· 在补间动画范围上不允许添加帧脚本；传统补间允许添加帧脚本。

· 补间目标上的任何对象脚本都无法在补间动画范围的过程中更改。

· 可以在时间轴中对补间动画范围进行拉伸和调整大小，并且被视为单个对象。传统补间包括时间轴中可分别选择的帧的组。

· 要选择补间动画范围中的单个帧，请在按住 Ctrl（Windows）或 Command（Macintosh）的同时单击该帧。

· 对于传统补间，缓动可应用于补间内关键帧之间的帧组。对于补间动画，缓动可应用于补间动画范围的整个长度。

· 利用传统补间，可以在两种不同的色彩效果（如色调和 Alpha 透明度）之间创建动画。补间动画可以对每个补间应用一种色彩效果。

· 只可以使用补间动画来为 3D 对象创建动画效果；无法使用传统补间为 3D 对象创建动画效果。

· 只有补间动画可以另存为动画预设。

· 对于补间动画，无法交换元件或设置属性关键帧中显示的图形元件的帧数，只能通过传统补间来实现。

· 在同一图层中可以有多个传统补间或补间动画，但在同一图层中不能同时出现两种补间类型。

9.2　创建和编辑补间动画

创建补间动画时，可将播放头移到相应帧位置上，然后将目标对象的属性作些调整，这时该位置就会自动添加属性关键帧。可以通过属性面板或者其他相应的工具面板等，对对象的属性进行更改。

9.2.1　创建补间动画

1. 运行 Flash CC，新建一个 Flash 文档，更改图层 1 名称为"天空"，选择"文件→导入到舞台"命令，导入一张天空的背景图片，点击属性面板的"编辑文档属性"按钮，在弹出窗口中点击"匹配内容"按钮，使舞台大小自动匹配背景尺寸。

2．在"天空"图层上新建一层名为"飞机"的图层，按快捷键 Ctrl+R 导入一张飞机的素材到舞台，用选择工具选中飞机，按 F8 键把该图片转换为影片剪辑，命名为"飞机"，如图 9-2-1 所示。使用任意变形工具调整飞机的方向，我们要制作的效果是飞机从天空的右边飞入，从左边飞出。

图 9-2-1

3．选中"天空"和"飞机"图层的第 80 帧，按下 F5 键插入普通帧，右键单击"飞机"图层中 1 ～ 80 帧任意普通帧，在弹出菜单中选择"创建补间动画"选项，如图 9-2-2 所示。此时图层自动转为补间图层，图层的图标也随之改变为 📱。

图 9-2-2

4．将播放头拖曳到第 40 帧，改变一下"飞机"的位置，如图 9-2-3 所示。该帧就会变成"小菱形"

的图标，该帧的所有属性值便被自动记录。可以看到舞台上显示了从第一帧到该帧目标对象的运动路径。用同样的方法把播放头移到第 80 帧，把飞机拖动到舞台左侧，建立另一个属性关键帧。

图 9-2-3

5. 按快捷键 Ctrl+S 保存文档，选择菜单"控制→测试"命令或按快捷键 Ctrl+Enter 来查看已创建完的补间动画，我们会看到飞机从舞台右侧飞入，飞行一段时间后从左侧消失，如图 9-2-4 所示，至此补间动画创建完成。

图 9-2-4

9.2.2 编辑补间动画的运动路径

在上一个示例中，飞机仅做平移的补间动画，比较无趣。我们可以通过改变飞机的运动路径来让飞机做更优美的曲线飞行。

打开飞机示例，选中工具箱中的选择工具，单击补间目标"飞机"，这时飞机的飞行路径就会显示出来。使用选择工具单击路径即可选中路径，如图 9-2-5 所示。

图 9-2-5

我们可以通过选择工具、部分选取工具、任意变形工具或属性面板来对补间动画的运动路径进行编辑。使用选择工具选择路径可以移动整个补间动画的位置，如图 9-2-6 所示。

图 9-2-6

选择运动路径，在属性面板中的"路径"栏可精确控制路径的位置和尺寸，如图 9-2-7 所示。

图 9-2-7

对于路径的形状可以使用选择工具进行调整，与编辑线段的方式一样。使用选择工具，点击"飞机"元件实例，此时出现"飞机"的飞行路径，不要单击路径，保持"飞机"实例的选中状态，鼠标移至要修改的路径附近，当光标变成黑色箭头加一段小弧线时，点住线段拖动，即可改变路径形状，如图 9-2-8 所示。

图 9-2-8

我们还可以进行更精确的调节。在运动轨迹上可以看到，有两个属性关键帧的节点，显示为小正方形图标。这时可以选择工具箱上的"部分选取工具"，单击路径中处于贝塞尔曲线处的属性关键帧节点，会弹出一个调节手柄，可以通过控制手柄来调节属性关键帧两侧的路径，如图 9-2-9 所示。

对路径的形状和尺寸进行调整可利用任意变形工具，如图 9-2-10 所示。使用任意变形工具单击飞机的运动路径，会出现 8 个锚点，可以像编辑其他图形一样对路径进行移动、缩放及旋转操作，该操作仅对路径进行变形，不影响补间目标。

图 9-2-9

图 9-2-10

自定义运动路径

可以将其他图层或时间轴上的曲线作为补间动画的运动路径。

1. 打开之前飞机实例，在"飞机"图层的上方新建一层，使用钢笔工具绘制一条曲线，保持曲线连续并且不闭合，这点很重要，闭合的曲线是不能做为自定义路径应用到补间动画中的，如图 9-2-11 所示。

图 9-2-11

2. 剪切路径，复制路径到剪贴板；回到"飞机"图层，使用选择工具选择整个补间，按快捷键 Ctrl+V 把路径贴入补间中，如图 9-2-12 所示。"飞机"图层的补间对象自己匹配了路径，并生成了只有两帧的补间动画。

图 9-2-12

9.2.3　编辑时间轴中的补间动画范围

在 Flash CC 中创建动画时，通常先在时间轴中设置补间范围。通过在图层和帧中对各个对象进行初始化排列，可以在"属性"检查器中更改补间属性值，从而完成补间。完成任何一个补间动画，对补间范围的操作都是频繁的，下面我们来了解一下补间范围的具体操作方法。

若要选择整个补间范围，单击该范围的第一帧或最后一帧，选中的补间范围会变成黄色。选择多个补间范围（包括非连续范围），按住 Shift 键的同时单击每个范围的第一帧，如图 9-2-13 所示。

图 9-2-13

若要选择补间范围内的单个帧，整个补间范围未被选择时，直接单击相应帧；如果补间范围处于被选中状态，点击该补间范围第一个关键帧即可取消选择。选择一个范围内的多个连续帧，在补间范围未被选中的状态下点击相应的帧，在范围内拖动即可。

若要在一个补间范围中选择个别属性关键帧，在补间范围未被选中的状态下，点击该属性关键帧即可将其拖到一个新位置，如图 9-2-14 所示，将属性关键帧从第 20 帧拖到第 30 帧。

图 9-2-14

移动补间范围：选中补间范围，拖到到新位置即可。

删除补间范围：选中补间范围，点击鼠标右键，在弹出菜单中选择"删除帧"或"清除帧"，如图 9-2-15 所示。

图 9-2-15

复制补间范围：选择补间范围，按住 Alt 键，拖动补间范围到新位置即可复制补间范围，如图 9-2-16 所示。

编辑相邻的补间范围：拖动两个连续补间范围之间的分隔线，重新分配补间的长度，如图 9-2-17 所示。若要两个补间范围之间的间隔，选择一个补间范围，从补间范围的中间拖动到新位置即可。

图 9-2-16

图 9-2-17

修改补间范围的长度：鼠标移至补间范围最后一帧，当光标变成左右箭头时拖动即可改变补间范围的长度。

9.2.4 查看属性关键帧

补间动画路径上由相当多的节点组成，每个节点代表一帧，更小的节点代表普通帧，显示为小正方形的节点为属性关键帧。同时每个节点的位置也代表了该对象在此帧处的位置，这样便可以清晰地了解每帧的详情。属性关键帧记录了该位置对象的相应属性，选择属性关键帧，右键单击弹出菜单中的"查看关键帧"项，可以查看属性关键帧中所包括的属性，如图 9-2-18 所示。

图 9-2-18

9.3　动画预设的应用

动画预设主要是预先设置好动画，然后直接从舞台上选中对象，该对象就会应用系统预先设置好的相关动画效果了。选择对象范围包括元件实例和文本字段。当然，一些关于 3D 方面的动画预设，只能选择影片剪辑的对象。

首先选择"窗口→动画预设"，"动画预设"面板如图 9-3-1 所示，相关的参数解释如下。

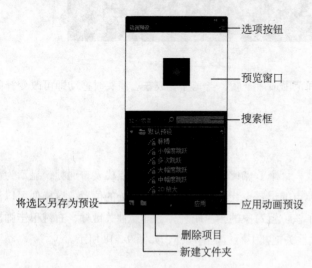

图 9-3-1

预览窗口：用来预览选中的相应动画的效果。

搜索框：一个输入框为搜索框，在此可以搜索该动画预设中存储的预设动画。

将选区另存为预设：保存一个当前舞台上补间动画作为动画预设。

新建文件夹：创建新的文件夹来合理管理动画预设文件。

删除项目：可以删除选择的相应的文件或者文件夹。

选项按钮：单击该选项，弹出如下命令。

· 导入——用来导入外部制作好的动画预设文件（XML）。

· 导出——把该面板中相应的动画预设导出到外部。

应用：应用选中的动画预设效果于舞台上的对象。

1. 动画预设可以将以往创建的不错的动画特效非常方便快速地应用到其他元件或对象上。现在就将刚才创作的动画效果存储在动画预设中。首先，选中这个补间上的帧，右键单击它，在弹出菜单中选择"另存为动画预设"选项，如图 9-3-2 所示。

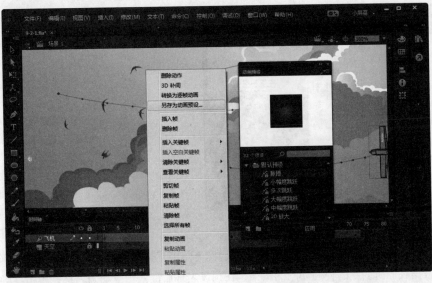

图 9-3-2

2．在弹出的"将预设另存为"对话框中键入"环绕飞行"，单击"确定"按钮，这样就将动画特效保存了，如图 9-4-3 所示。

3．将不错的动画预设保存后，其他的元件或对象需要用到时就能很方便快速地应用上了。选择"窗口→动画预设"，可以打开"动画预设"面板，在默认预设的文件夹内，单击每一个动画特效，在预览窗口中可以观看相应的动画效果，如图 9-3-4 所示。

图 9-3-3

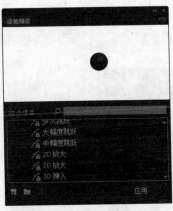

图 9-3-4

4．如果想做一个《星球大战》3D 字幕的效果，则可以先使用文本工具，把该文本转化为影片剪辑。这时选择文本对象，在"动画预设"面板中，选择"3D 文本滚动"效果，单击"应用"按钮，如图 9-3-5 所示，对象产生 3D 滚动的动画。这里需要注意的是，在发生对象位移的动画预设中，点击"应用"按钮是动画从对象的当前位置开始，按住 Shift 键再点击"应用"按钮是动画在对象当前位置结束。

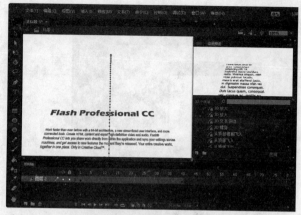

图 9-3-5

5. 使当前动画层处于选中状态，选择动画预设面板左下角的"将选区另存为预设"按钮，在弹出的对话框中，根据我们所创建的补间动画的效果，在预设名称后键入相应动画名称，单击"确定"按钮，这便将动画预设保存了，如图 9-3-6 所示。

图 9-3-6

6. 当然也可以在"动画预设"面板中的文件或者文件夹上右键单击，编辑相应的文件，例如重命名、导出等，如图 9-3-7 所示。也可以单击选项菜单，在弹出菜单中应用相应的命令。

图 9-3-7

7. 选中相应的动画预设，使用"导出"选项，把该动画预设以 XML 格式导出到外部相应的位置，如图 9-3-8 所示。

图 9-3-8

8．当然我们也可以通过导入，将外部优秀的动画预设导到自己的动画预设面板中，以方便使用。同时也可以到网上下载一些动画预设文件。通过动画预设面板的"选项菜单→导入"命令，如图 9-3-9 所示，在打开对话框中选择外部动画预设文件所放的位置，单击"打开"按钮，这时就将动画预设文件导入到程序内部了。

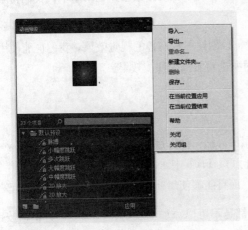

图 9-3-9

滤镜和混合模式 10

- 掌握如何给对象添加滤镜
- 掌握各种滤镜的效果
- 掌握时间轴特效的原理
- 掌握如何添加编辑和删除时间轴特效

10.1 滤镜

在 Flash 中可以通过选择菜单命令来轻松实现一些绘制效果和动画效果。在本章中，我们将学习如何给文本、影片剪辑和按钮添加滤镜效果。

在 Flash 中能对文本、按钮和影片剪辑添加滤镜，以创建各种有趣的视觉效果。我们也能使用动画和形状补间让滤镜动起来，也可以在属性面板中对所选对象添加滤镜效果。

10.1.1 滤镜基础

滤镜是一种对图像像素进行处理并生成特殊效果的方法。如果接触过类似 Photoshop、Fireworks 这样的图像处理软件，相信用户一定早就领教过它的魅力了。Flash 中滤镜的使用方法也和这些软件类似，而 Flash 所独有的特点是，它不但可以创建这些效果，而且能够使用补间动画让创建的滤镜活动起来。

原始的形状、组、绘制对象、图形元件和位图都是不可以添加滤镜的，只有影片剪辑、按钮、文本可以，用户可以把这些都转换成影片剪辑或者按钮，从而添加相应的滤镜。如图 10-1-1 所示。

图 10-1-1

添加滤镜后的对象并没有被像素化，它们是完全可编辑的，这是个相当优秀的特性。这意味着即使添加了滤镜的对象，也可以编辑它的形状和颜色等。甚至为文字添加滤镜后，也可以像处理正常文字一样，编辑它的所有属性。

选中 3 个可用对象中的任意一个，在属性面板上滤镜选项栏的左上角单击"添加滤镜"按钮 ，弹出添加滤镜菜单。首先了解一下 Flash 为我们提供的滤镜效果，一共有 7 种可选滤镜，包括投影、模糊、发光、斜角、渐变发光、渐变斜角和调整颜色，如图 10-1-2 所示。

图 10-1-2　7 种可选滤镜

一个对象可以同时添加多个滤镜效果，比如发光、模糊，也可添加完全相同的滤镜，当然也可以给它们设定不同的参数。

添加后的滤镜会出现在滤镜列表中，每个滤镜前的三角形可以折叠 / 展开该滤镜的设置选项，可以使用键盘的上下方向键在多个滤镜中切换。如果要撤消某个滤镜的效果，可以在列表中选中该滤镜，然后单击滤镜选项栏下面的删除滤镜按钮 ，如图 10-1-3 左图所示。

被添加在对象上的滤镜是按上下顺序叠加在一起的，上面的滤镜会遮盖住下面的。你可以选中某个滤镜，通过拖曳来调整它们的上下排列顺序，直到实现合适的叠加效果，如图 10-1-3 右图所示。单击滤镜选项栏右侧的"启用或禁用滤镜"按钮 可以切换滤镜的启用状态。

图 10-1-3

在制作中，可能同一滤镜被多次用到，也可能对不同对象应用统一的滤镜。如果每次都重新设置相应参数，效率就太低了。Flash 提供了滤镜预设的功能，方便存储，提高了制作效率。单击滤镜栏下面的"选项"菜单 ⚙️，在弹出菜单中选择"另存为预设"，如图 10-1-4 所示。这样它就会保存在此菜单的下部，以后就可以直接选择，把该相同的滤镜运用在其他对象上了。另外，还可以改变预设的名称和删除不需要的预设值。

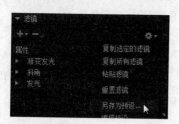

图 10-1-4

Flash CC 中改进了滤镜面板，把之前版本的底部按钮移到了滤镜栏右上角的"选项"菜单中 ⚙️。单击该按钮，在弹出菜单中有"复制所选的滤镜"、"复制所有滤镜"、"粘贴滤镜"和"重置滤镜"等选项。"复制所选的滤镜"就是复制当前所选的滤镜效果；"复制所有滤镜"就是复制当前元件所使用的全部滤镜效果；"粘贴滤镜"就是将已经复制的滤镜效果应用到当前所选的元件上；"重置滤镜"恢复滤镜的初始值。

制作相同的滤镜效果时，只需单击"选项"菜单中的"复制所选的滤镜"或"复制所有滤镜"，这就可以对单独的滤镜或全部的滤镜进行复制，如图 10-1-5 左图所示。接着再选中需要应用的元件，在它的滤镜面板中再单击"选项"按钮，选择"粘贴滤镜"，就可以将复制的滤镜应用到当前所选的元件上，如图 10-1-5 右图所示。

图 10-1-5

10.1.2　添加滤镜

接下来我们来尝试一下如何给文本对象添加滤镜效果。

1. 新建一个 Flash 文档，首先导入到舞台一幅圣诞节主题的图片作为背景，然后在舞台上用文本工具输入文字"Merry Christmas",然后用选择工具选取文字,如图 10-1-6 所示。

图 10-1-6

2. 在属性面板中"滤镜"选项栏的左上角单击添加滤镜按钮,弹出滤镜菜单,如图 10-1-7 所示。

图 10-1-7

3. 此时可以看到滤镜菜单上可以选择添加应用的滤镜有投影、模糊、发光、斜角、渐变发光、渐变斜角和调整颜色。单击某个滤镜,则对象就应用这个滤镜,属性面板中也会出现相应的选项以供我们进一步调节。现在我们来详细了解一下这些滤镜。

(1) 投影

"投影"滤镜给对象添加投影效果,用来模拟物体在阳光照射下产生的阴影,是最基本以及最常用的滤镜效果之一,也是学习的重点,因为其他滤镜的大部分选项参数都和"投影"类似。

模糊 X、Y:这两项设置是指投影向四周模糊、柔化的程度,或者说阴影的宽度和高度。数值设得越大,阴影效果越"朦胧"。两者之间的黑色小锁用于判定 x 轴或 y 轴的阴影是否会同时柔化。

强度:指投影的浓度或者颜色的密度,值越高时颜色越浓,值越低时颜色越淡,强度百分比值为 $0 \sim 25500$。

品质:指投影模糊的质量,设置质量越高,阴影过渡越流畅,反之就越粗糙。当模糊程度较大时,品质低阴影轮廓较清晰,品质高阴影轮廓不易辨认。

颜色:指定阴影的颜色值,也可以在拾色器里设定阴影的透明度。

角度:指定阴影相对于元件本身的方向,可设数值的范围为0°～360°。可以直接单击输入数值,也可以拖曳热区文字进行数值更改。

距离:指定阴影相对于元件本身的距离远近,值为-255～255。通过"角度"和"距离"两项的结合使用,可以很方便地把阴影放置在正确位置。

挖空:使用原对象的形状来切割它所留下的阴影,产生阴影被挖空的效果。

内阴影:在对象边界的内侧显示阴影,通常在塑造一些光晕和立体效果时起到辅助作用。

隐藏对象:其实目的就是把阴影独立出来。它不显示对象本身,而只留下其阴影。

(2) 模糊

"模糊"滤镜给对象添加模糊的效果,"模糊"滤镜会柔化对象的边缘和细节,如图10-1-8所示。在某些情况下,模糊让对象看起来好像位于其他对象的后面,或者使对象看起来有运动感。通常,单独调整一个轴的模糊可以实现运动感,"模糊"滤镜还常用来创作梦幻的感觉。

图 10-1-8

拖曳"模糊 X"和"模糊 Y"的热区文字来设置模糊的宽度和高度。可以单击打开默认的锁定状态,单独调节"模糊 X"或"模糊 Y"的数值。

拖曳"品质"滑块,选择投影的质量级别。设置为"高"近似于高斯模糊;设置为"低"可以获得最佳的播放性能。

（3）发光

"发光"滤镜给对象添加发光的效果，其效果就是在对象的周围产生各种颜色的光芒，如图10-1-9所示。

图 10-1-9

拖曳"模糊 X"和"模糊 Y"的热区文字，设置发光的宽度和高度。可以单击打开默认的锁定状态，单独调节"模糊 X"或"模糊 Y"的数值。

单击"颜色"选项，在"颜色"弹出面板上选择设置发光颜色。拖曳"强度"的热区文字，设置发光的强度。

选中"挖空"复选框挖空原对象（即在视觉上隐藏原对象），并在挖空图像上只显示发光，如图10-1-10所示。

图 10-1-10

选择"内发光"复选框，在对象边界内应用发光。选择"品质"相应选项，来设定发光的质量级别。把质量级别设置为"高"就近似于高斯模糊；设置为"低"可以获得最佳的播放性能。

（4）斜角

斜角滤镜控制对象的受光面和背光面，使其看起来凸出于背景表面。"斜角"用来产生凸出于表面的立体效果，当然这只是视觉上的凸起，它主要利用模拟立体对象的受光面和背光面来产生凸起感，这是使用斜角时需要理解的一点，如图 10-1-11 所示。

图 10-1-11

在"类型"选项选择斜角的类型，可以创建内侧、外侧或者全部。

模糊 X 和模糊 Y：拖曳热区文字，设置斜角的宽度和高度。可以单击打开默认的锁定状态，单独调节"模糊 X"或"模糊 Y"的数值。

阴影：单击打开颜色面板，选择设置阴影的颜色。

加亮显示：单击打开颜色面板，选择设置加亮的颜色。

强度：拖曳热区文字，设置斜角的不透明度，而不影响其宽度。

角度：单击输入数值或者拖曳热区文字，设置斜边投下的阴影角度。

距离：单击输入数值或者拖曳热区文字，来设置斜角的宽度。

挖空：挖空原对象（即在视觉上隐藏原对象），并在挖空图像上只显示斜角。

品质：选择斜角的质量级别。把质量级别设置为"高"可以得到更精细的斜角效果；设置为"低"可以获得最佳的播放性能。

（5）渐变发光

渐变发光可以给对象添加带渐变颜色的发光效果，"渐变发光"滤镜可以理解为"发光"滤镜的高级应用。它可以在对象的周边产生带渐变颜色的发光效果。它和普通"发光"滤镜的区别主要有 3 点。

- 具有调节角度和距离的选项，这意味着可以控制发光的位置。

- 具有可调节的渐变色带，这也是区别于普通发光的最主要特性。

- 可以控制发光显示在外侧、内侧或内外兼有。

　　如图 10-1-12 所示，左边的色标为白色透明，它代表颜色的最外圈，这个色标无法移动，但是可以改变颜色。右边的色标代表最里圈的颜色，也就是靠对象最近的颜色。可以任意移动和改变右侧色标，也可以在中间添加多个色标。

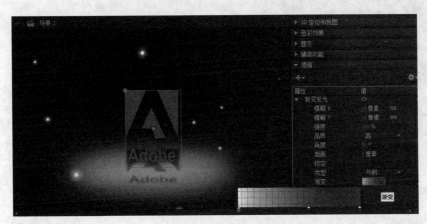

图 10-1-12

　　在"类型"选项选择要为对象应用的发光类型，可以选择内侧、外侧或全部类型。

　　拖曳："模糊 X"和"模糊 Y"热区文字，设置发光的宽度和高度。

　　强度：拖曳热区文字，设置发光的不透明度，但不影响其宽度。

　　角度：单击输入数值或者拖曳角热区文字，设置发光投下的阴影角度。

　　距离：拖曳热区文字，设置阴影与对象之间的距离。

　　挖空：挖空原对象（即从视觉上隐藏原对象），并在挖空图像上只显示渐变发光。

　　在渐变定义栏设置发光渐变的颜色。第一个颜色指针的 Alpha 值为 0，可以在这个指针上单击颜色指针下方的颜色空间，打开颜色面板，调整其颜色，但不可以调整其位置。其他颜色指针不仅可以换颜色，还可以移动位置。我们也可以在渐变定义栏上增加颜色指针，最多可添加 15 个颜色指针。在渐变定义栏拖曳颜色标可以改变其位置，将颜色指针拖离渐变定义栏可以删除这个颜色指针。

　　选择渐变发光的质量级别。设置为"高"就近似于高斯模糊；设置为"低"则可获得最佳的播放性能。

　　(6) 渐变斜角

　　渐变斜角给对象应用凸起的效果，并且斜角表面有渐变色。显然，"渐变斜角"是"斜角"的高级版，除了表现凸起于表面的立体效果外，它最大的特长是用来表现光感。中间的色标为白色透明，它代表颜色的最外圈，无法移动这个色标，但可以改变它的颜色。默认最左边的色标代表加亮，最右边的色标代表阴影。中间可以添加相应颜色的色标，通过为其添加渐变色，在为对象赋予立体感的同时，也产生了渐变发光的效果，如图 10-1-13 所示。

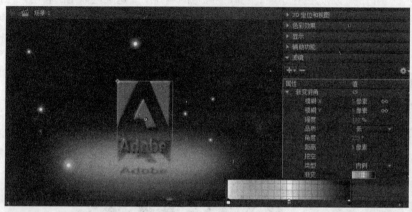

图 10-1-13

类型：选择要应用到对象的斜角类型，可以选择内侧、外侧或者全部斜角类型。

"模糊 X" 和 "模糊 Y"：拖动热区文字，设置斜角的宽度和高度。

强度：拖曳热区文字，设置斜角的不透明度而不影响其宽度。

角度：单击输入数值或者拖曳热区文字，设置光源的角度。

距离：直接单击输入数值来设置斜角的宽度。

挖空：挖空原对象（即从视觉上隐藏原对象），并在挖空图像上只显示渐变斜角。

在渐变定义栏可以指定斜角的渐变颜色。必须有 3 个以上的颜色指针，其中中间的颜色指针 Alpha 值为 0，它的位置不可以移动，但是可以单击颜色指针下方的颜色空间，在弹出的颜色面板中设置颜色。我们可以在渐变定义栏添加颜色指针，最多可以添加 15 个颜色指针。在渐变定义栏拖曳颜色指针可以改变其位置，将颜色指针拖离渐变定义栏可以删除这个颜色指针。

品质：选择斜角的质量级别。把质量级别设置为 "高" 可以得到更精细的渐变斜角效果；设置为 "低" 可以获得最佳的播放性能。

（7）调整颜色

"调整颜色" 滤镜主要包括 4 个命令："亮度"、"对比度"、"饱和度" 和 "色相"。在讲到 "属性" 面板的时候提到过颜色调整，该功能在处理颜色、线条被简化的图片时还可以胜任，但对于位图就无能为力了。而 "调整颜色" 滤镜是把图片中每一种颜色转换成另一种颜色，在处理位图颜色时是无可替代的。使用"调整颜色"可以改变对象的亮度、对比度、饱和度和色相，拖曳所要设置的颜色属性的热区文字，或者在输入框中输入数值可以调整对象。

　　亮度：亮度的调整可使图像颜色更加鲜明，拖曳该项的热区文字可以调节图片的明暗。数值越大，图片越亮；数值越小，图片越暗，如图 10-1-14 所示。

图 10-1-14

　　对比度：对比度的调整可使图像中亮部颜色更亮，暗部颜色更暗。图像的亮部和暗部色调被合并，使图像轮廓清晰，主体突出。对比度可以加强图片的层次感，如图 10-1-15 所示。

图 10-1-15

　　饱和度：饱和度用来控制图像颜色的鲜艳程度。如果饱和度太低，则图片表现为褪色；如果饱和度调得较高，图片颜色会比较鲜艳。但注意不要过度调整，否则会造成暗部和亮部区域的细节丢失，如图 10-1-16 所示。

图 10-1-16

色相：色相用来调节图像的颜色，它并非用某种颜色直接覆盖在图片上，而是转换图片上的每一种颜色。通过色相的调整，可以得到一张图片多个色调的副本，如图 10-1-17 所示。

图 10-1-17

10.1.3　滤镜列表和预设滤镜库

1. 滤镜列表

我们可以给一个对象添加不止一个滤镜，此时滤镜列表中就会罗列出所添加的滤镜。但是要考虑到滤镜类型、数量和质量会影响输出的 SWF 文件的播放性能。

在滤镜列表中，如果我们想禁用某个滤镜，则选中该滤镜，单击滤镜栏"值"列下的"启用或禁用滤镜"按钮 ，使该滤镜变为叉号；如果要禁用全部滤镜，单击"添加滤镜"，在弹出菜单中选择"禁用全部"；如果要重新启用全部滤镜，在"添加滤镜"的弹出菜单中选择"启用全部"；如果要删除滤镜列表中的全部滤镜，在"添加滤镜"的弹出菜单中选择"删除全部"，如图 10-1-18 所示。

图 10-1-18

2. 预设滤镜库

在给对象应用了一些滤镜之后，如果要保存滤镜以便于以后继续使用，可以创建预设滤镜库。

单击"选项"按钮 ，在弹出菜单中选择"另存为预设"，如图 10-1-19 所示。

图 10-1-19

在"将预设另存为"对话框中输入一个有意义的名称，然后单击"确定"按钮，如图 10-1-20 所示。

图 10-1-20

这个滤镜设置就会出现在"选项"菜单上，如图 10-1-21 所示。单击选项菜单中的"编辑预设"，可以对预设列表进行管理。

图 10-1-21

3. 使滤镜运动起来

使用 Flash 可以创建一个滤镜变化的补间动画。我们通过一个动画实例来看看在 Flash 中如何使滤镜活动起来。

新建一个 Flash 文档，从外部导入一个背景素材到图层 1，将其作为背景。然后新建一图层，用绘图工具绘制一只可爱的老虎，然后将其转换成影片剪辑元件。在舞台上选中此对象，为其添加一个"投影"滤镜，将"角度"设置为 235，将"距离"设置为 20，模糊 X 和模糊 Y 为 15，其他属性设置保持为默认状态，如图 10-1-22 所示。

图 10-1-22

右键单击"老虎"图层的第一帧，在弹出菜单中选择"创建补间动画"，时间轴自动延长一秒钟的帧范围共 24 帧。选择"背景"图层的第 24 帧，按快捷键 F5 插入帧。把播放头移动到第 24 帧，选择舞台上的"老虎"对象，在属性面板的滤镜栏列表中，将"投影"滤镜的相关属性中的"角度"设置改为 45，如图 10-1-23 所示。

图 10-1-23

按快捷键 Ctrl+S 保存文档，按 Ctrl+Enter 测试影片，这样，我们就得到一个表现投影随光线移动的动画效果，如图 10-1-24 所示。

图 10-1-24

滤镜应用于文字或按钮的效果与应用于影片剪辑是相似的，在这里不再赘述。

10.1.4 关于滤镜和 Flash Player 的性能

应用于对象的滤镜类型、数量和质量会影响 SWF 文件的播放性能。应用于对象的滤镜越多，Adobe Flash Player 要正确显示创建的视觉效果，对于计算机，所需处理的信息量也越大。建议不要给指定的一个对象应用过多的滤镜效果。

每个滤镜都包含控件，可以调整所应用滤镜的强度和质量。在运行速度较慢的计算机上，使用较低的设置可以提高性能。如果要创建在一系列不同性能的计算机上播放的内容，或者不能确定观众计算机的性能，请将质量级别设置为"低"，以实现最佳的播放性能。

10.2 混合模式

混合模式主要用来创建复合图像，它通过数学运算来改变两个或两个以上重叠对象的颜色、透明度和亮度等值，来创造出更绚丽的效果。我们可以通过调整对象和图像的不透明度，使用混合模式来创建用于透显下层图像细节的加亮效果或阴影，或者对不饱和的图像涂色。Flash CC 中提供了 14 种混合模式，混合模式只能应用到影片剪辑上。

10.2.1 关于混合模式

混合模式能混合一个图形对象的颜色信息与它下面的图形对象的颜色信息。我们能使用混合模式改变舞台上一个图像的外观，即按一种有趣的方式将其与它下面对象的内容合并。

使用混合模式，可以创建复合图像。复合是改变两个或两个以上重叠对象的透明度或者颜色相互关系的过程。使用混合，可以重叠影片剪辑中的颜色，从而创造出用户想要的效果。

混合模式不仅取决于要应用混合的对象的颜色，还取决于基础颜色。我们可以导入图片，并转化成影片剪辑元件，使用色块影片剪辑与其叠在一起，使用不同的混合模式查看效果，如图 10-2-1 所示。

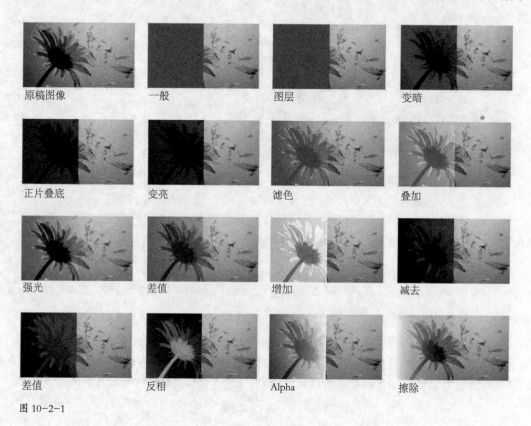

原稿图像　　一般　　图层　　变暗

正片叠底　　变亮　　滤色　　叠加

强光　　差值　　增加　　减去

差值　　反相　　Alpha　　擦除

图 10-2-1

一般：正常应用颜色，不与基准颜色发生交互。

图层：可以层叠各个影片剪辑，颜色之间没有影响。

变暗：只替换比混合颜色亮的区域，比混合颜色暗的区域将保持不变。

正片叠底：将基准颜色与混合颜色复合，从而产生较暗的颜色。

变亮：只替换比混合颜色暗的像素，比混合颜色亮的区域将保持不变。

滤色：将混合颜色的反色与基准颜色复合，从而产生漂白效果。

叠加：复合或过滤颜色，具体操作需取决于基准颜色。

强光：复合或过滤颜色，具体操作需取决于混合模式颜色。该效果类似于用点光源照射对象。

差值：从基色减去混合色或从混合色减去基色，取决于哪一种的亮度值较大。该效果类似于彩色底片。

增加：通常用于在两个图像之间创建动画的变亮分解效果。

减去：通常用于在两个图像之间创建动画的变暗分解效果。

反相：反转基准颜色。

Alpha：应用 Alpha 遮罩层。

擦除：删除所有基准颜色像素，包括背景图像中的基准颜色像素。

"擦除"和"Alpha"混合模式要求将"图层"混合模式应用于父级影片剪辑。不能将背景剪辑更改为"擦除"并应用它，因为该对象将是不可见的。

10.2.2　混合模式示例

接下来我们制作一个梅花生长效果的动画来学习如何使用混合模式。

1. 新建一个 Flash 文档，导入一张寒冬的图片作为背景图。新建一个名为"梅花"的图层，导入一张梅花的图片，并把梅花转化为影片剪辑，如图 10-2-2 所示。

图 10-2-2

2. 双击进入"梅花"元件编辑状态，在"梅花"图片上新建一个名为 Alpha 的图层，使用矩形工具绘制一个矩形，矩形范围覆盖叠加在梅花之上，如图 10-2-3 所示。

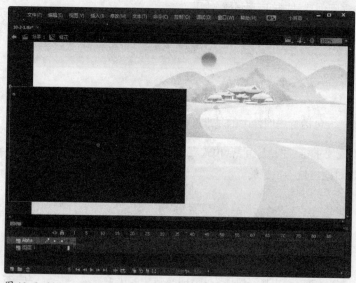

图 10-2-3

3. 选择矩形对象，按 F8 键将其转化为影片剪辑，双击进入矩形元件的编辑区域，现在的舞台编辑路径是"场景 1 > 梅花 > 矩形"，它们的关系是矩形影片剪辑嵌套在梅花影片剪辑中，梅花影片剪辑在舞台上。

4. 使用颜色面板和渐变变形工具，设置矩形的颜色渐变从黑色渐变到透明，并使用渐变变形工具调整渐变的角度，如图 10-2-4 所示。

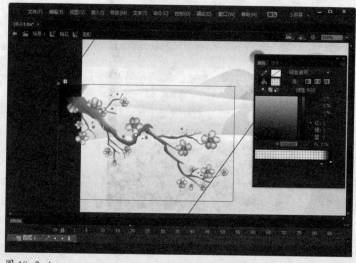

图 10-2-4

5．在矩形元件内部的第 30 帧按 F6 键插入关键帧，选中此帧，使用渐变变形工具移动渐变到矩形右下角，如图 10-2-5 所示。右键单击该图层上的任意普通帧，在弹出菜单中选择"创建补间形状"，按 Enter 键查看效果，这时一个渐变过渡的动画效果就做好了。

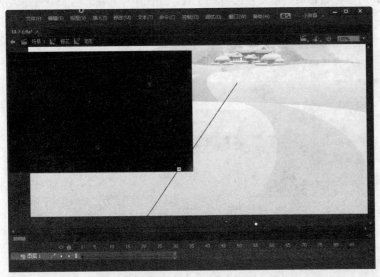

图 10-2-5

6．按快捷键 Ctrl+Enter 调试影片，会看到矩形不断地做过渡渐变，并且挡住梅花图片，梅花图片并没有产生生长的动画，这是因为我们没有设置图层混合模式。点击场景导航栏中的"梅花"，回到梅花影片剪辑，选择矩形对象，在舞台右侧的属性面板的"显示"栏中，选择混合模式为"Alpha"，这时矩形实例变为透明，如图 10-2-6 所示。

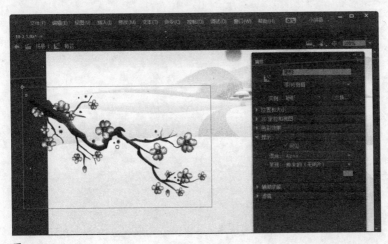

图 10-2-6

7. 按快捷键 Ctrl+Enter 调试影片，动画效果仍然没有改变，这是因为我们没有设置父级影片剪辑的图层效果，"擦除"和"Alpha"混合模式要求将父级影片剪辑为"图层"混合模式。点击场景导航栏的"场景 1"回到舞台，选择"梅花"影片剪辑，设置混合模式为"图层"，按快捷键 Ctrl+Enter 调整影片，这时我们可以看到梅花随着矩形渐变慢慢开始生长，如图 10-2-7 所示。梅花生长动画便制作成功了。

图 10-2-7

按钮元件 11

· 掌握 Flash 中的按钮元件的构成
· 掌握 Flash 中的按钮元件的制作
· 掌握 Flash 中的按钮元件的单击范围设置
· 掌握 Flash 中的动态按钮元件的制作

在 Flash 中，按钮元件用于响应鼠标点击、滑过或其他动作的交互。实际上，按钮元件是一种特殊的四帧交互式影片剪辑。当在创建元件选择按钮类型时，Flash 会创建一个包含四帧的时间轴。前 3 帧显示按钮的 3 种可能状态：弹起、指针经过和按下；第 4 帧定义按钮的活动区域。按钮元件时间轴不像普通时间轴那样以线性方式播放，它通过跳至相应的帧来响应鼠标指针的移动和动作。

11.1　熟悉按钮

按钮行为分为两部分，第一部分是滑过或单击按钮时按钮自身如何响应，第二部分是单击按钮时 Flash 文件中会出现什么情况。通过 ActionScript 脚本的控制能够完成复杂的用户交互，这也是按钮的价值所在。

我们打开外部库，查看其他文档中已做好的按钮，如图 11-1-1 所示。

把这个按钮拖曳到舞台上。在舞台上双击这个按钮，即可进入到按钮元件的编辑状态，如图 11-1-2 所示。可以看到按钮由哪几个帧的状态组成。

弹起：鼠标指针不在按钮上时，按钮的状态。

指针经过：鼠标指针位于按钮上时，按钮的外观。

按下：鼠标单击按钮时，按钮的外观。

点击：定义响应鼠标单击的区域，在实际输出的影片中是不可见的。

图 11-1-1   图 11-1-2

　　将播放头移动到各个关键帧，查看按钮元件的各个状态。可以看到，这个按钮元件在"指针经过"这一帧上由绿色的三角变为白色的三角，在"按下"这一帧上由绿色的圆形按钮变为黑色的圆形按钮。而在"单击"这一帧上设定按钮的区域为"弹起"或"按下"这一帧上按钮的大小范围。

　　按钮元件 4 个关键帧上的状态，从左到右分别为弹起、指针经过、按下和点击，如图 11-1-3 所示。

图 11-1-3

　　按快捷键 Ctrl+Enter 测试按钮的效果，可以看到按钮对于鼠标事件的反应。当鼠标滑到按钮上方时，光标变成手形，按钮显示为"指针经过"状态，当鼠标按下时，按钮显示为"按下"状态。

　　提示：想要测试按钮效果，我们还可以在库面板中选择该按钮，然后在库预览窗口内单击"播放"按钮；或者在菜单栏选择"控制→启用简单按钮"，这样便可以在舞台上测试简单按钮的效果。如果想禁用按钮测试，只需再次选择"控制→启用简单按钮"，如图 11-1-4 所示。

图 11-1-4

11.2　制作按钮

下面我们来尝试制作一个按钮，以此来深入了解按钮元件的制作方法。

1．新建一个 Flash 文档，在菜单栏选择"插入→新建元件"，或者按快捷键 Ctrl+F8 新建元件，在弹出对话框的类型选项中选择"按钮"，如图 11-2-1 左图所示。随即进入按钮元件的编辑状态，如图 11-2-1 右图所示。在时间轴上，可以看到按钮的 4 种状态。

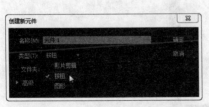

图 11-2-1

2．我们先来制作按钮的"弹起"状态。首先创建 3 个层，从下至上分别为"背景"、"小熊"和"文字"。然后在 3 个图层绘制不同对象，绘制完成以后，要检查 3 个图层是否对齐，或者是否符合自己需要的效果，如图 11-2-2 所示。

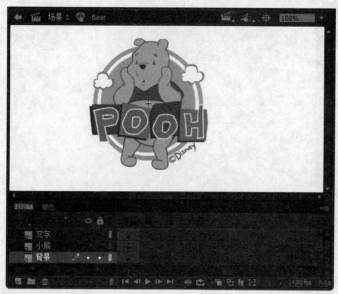

图 11-2-2

3. 接着来编辑按钮的"指针经过"这一帧。分别在 3 个图层中的"指针经过"帧上,按下 F6 键,然后选中"小熊"层中的"指针经过"这一帧,删除小熊,从库中拖入小熊的另一个动作。接着选中"文字"层中的"指针经过"这一帧,调整文字与新的小熊之间的位置关系。最后选中"背景"层中的"指针经过"这一帧,将背景添加调整颜色滤镜,调整成绿色,如图 11-2-3 所示。

图 11-2-3

4. 这样我们就完成了"指针经过"这一帧的制作。当鼠标指针经过按钮时，小熊会变换姿势，背景颜色会变成绿色，文字会下移。

5. 接着，我们编辑"弹起"这一帧，选中"小熊"层中的"按下"这一帧，删除小熊对象，从库中拖入另一个小熊姿势的元件。接着选中"文字"层中的"按下"这一帧，调整文字位置。最后选中"背景"层中的"按下"这一帧，将屏幕处理为蓝色，如图 11-2-4 所示。

图 11-2-4

6. 从库中拖入此按钮元件至舞台，按快捷键 Ctrl+Enter 测试制作好的按钮效果，如图 11-2-5 所示。

弹起　　　　　　　　　　指针经过　　　　　　　　　按下

图 11-2-5

注意，在这个按钮元件的制作中，我们并没有设定"单击"的范围，此时，"按下"这一帧上按钮的区域范围便替代了"点击"的区域范围。

11.3　设定按钮的点击范围

现在我们通过制作一个文字按钮来了解如何设置按钮的点击范围。

1．新建一个 Flash 文档，导入一张图片到舞台作为背景，用文本工具在舞台上输入文字"Lady's Store"，然后按快捷键 F8 将其转换为按钮元件，双击进入按钮元件的编辑状态，在按钮编辑状态下分别给"弹起"、"指针经过"和"按下"这 3 个关键帧设置文字状态，如图 11-3-1 所示。

图 11-3-1

2．回到主场景中，按快捷键 Ctrl+Enter 测试按钮效果。我们会发现，鼠标指针必须在文字上时才会变成手形，而当指针处在文字的空隙时，按钮不起作用。为了使鼠标指针在经过文字按钮时反应更为灵敏，我们就得给文字按钮设定点击范围。

3．在"点击"这一帧所在的位置单击鼠标右键，选择插入空白关键帧。单击时间轴上的"绘图纸外观"按钮，显示几个帧上内容所在的位置。选中"点击"的空白关键帧，用矩形工具在舞台上绘制一个与文本大小范围一致的矩形，如图 11-3-2 所示。

图 11-3-2

这样，我们就设定了点击范围。

4．按快捷键 Ctrl+Enter 测试这个文字按钮的效果，可以看到鼠标指针在经过"点击"所设定的范围时变成了手形，并且在最终输出的影片中，我们在"点击"上绘制的矩形是不显示的，如图 11-3-3 所示。

图 11-3-3

11.4　制作包含影片剪辑的动态按钮

按钮元件的 4 个关键帧上也可以包含影片剪辑，我们可以借此来制作更具魔力的动态按钮。

1．运行 Flash CC，在舞台上导入一张小蘑菇的表情图片，将其转换为图形元件，命名为"小蘑菇"，如图 11-4-1 所示。

图 11-4-1

2．按快捷键 Ctrl+F8，新建一个影片剪辑元件，取名为"小蘑菇动画"，然后导入小蘑菇跳舞动画，如图 11-4-2 所示。由于小蘑菇跳舞是一张 GIF 图片，因此导入到元件内部后，它会自动生成逐帧动画。

图 11-4-2

3．回到场景 1，按快捷键 Ctrl+F8，新建一个按钮元件，命名为"小蘑菇按钮"，如图 11-4-3 所示。

4．单击"确定"按钮，进入"小蘑菇按钮"的编辑状态。从库中将"小蘑菇"图形元件拖入到舞台，这时该按钮的"弹起"状态便做好了；在"指针经过"帧按 F6 键插入关键帧，从库中把"小蘑菇动画"拖到舞台；复制"弹起"帧，粘贴至"按下"帧，使"弹起"和"按下"两个状态一样，如图 11-4-4 所示。

图 11-4-3　　　　图 11-4-4

5．回到场景 1，将按钮元件"小蘑菇按钮"从库面板中拖曳到舞台上合适的位置，按快捷键 Ctrl+Enter 调试影片。我们可以看到当鼠标没有移动到小蘑菇身上时，按钮保持不变，当鼠标移到小

按钮元件 | 219

蘑菇身上时，小蘑菇便开始跳舞，如图 11-4-5 所示。

图 11-4-5

11.5　创建隐含按钮

　　在前面的练习中，我们了解了按钮单击状态的重要性。您也能使用单击状态来创建不可见的按钮。这种按钮能给用户带来意外的惊喜，因为只有用户将光标移到一个不可见的区域时，按钮对象才会显示出来。在本次练习中，您将学习如何创建不可见按钮。

　　新建一个 Flash 文档，导入一个绿色环保主题的地球位图到舞台，我们要将图中的地球制作为隐含按钮。首先用椭圆工具绘制一个和地球一样大小的形状，如图 11-5-1 所示，用油漆桶工具将绘制的椭圆进行填充。

图 11-5-1

选择刚才绘制的形状，按 F8 键将其转换成一个按钮元件。双击该按钮实例进入元件的编辑状态，如图 11-5-2 所示。

图 11-5-2

把刚绘制的椭圆形状从"弹起"状态拖到"点击"状态，一个隐含按钮就这样制作完成了。回到主场景，我们可以发现，隐含按钮的范围被标识为蓝色，如图 11-5-3 左图所示，在 Flash 输出后不会显示该色块的。按快捷键 Ctrl+Enter 进行测试，当鼠标触碰到地球的时候，指针变为小手状态，如图 11-5-3 右图所示。

图 11-5-3

学习要点

· 掌握 Flash 中声音的导入
· 掌握如何在 Flash 中使用声音
· 掌握 Flash 中视频的导入
· 掌握 FLV 视频的使用方法

12.1　使用声音

　　一个优秀的动画作品，如果再添加上合适的背景音乐，会使整个作品锦上添花。接下来我们开始学习如何在 Flash 中添加声音。

　　Flash 声音的使用类型包括音频流声音（Stream Sounds）和事件声音（Event Sounds）两种。音频流声音可以独立于时间轴自由播放，如给作品添加背景音乐，可以和动画同步播放；事件声音允许将声音文件添加在按钮上，它能更好地体现按钮的交互性。Flash 还可以为声音加上淡入淡出效果，使作品更具身临其境的听觉效果。本章将介绍声音的导入、控制、编辑和设置声音的格式。

12.1.1　导入声音

　　声音和图片的导入方法类似，都是从外部把文件导入到 Flash 中。声音也如图片一样有多种格式，目前最常用到的是我们熟悉的 MP3 和 WAV 格式。声音和图片的区别在于，图片能在舞台上观察到，而声音看不到。声音只显示在时间轴中，在播放的时候可以听到，直观性不如图片。下面我们学习如何将声音文件导入 Flash 中。

　　选择"文件→导入→导入到库"命令，在弹出的"导入"对话框中，定位并打开所需的声音文件，如图 12-1-1 所示。

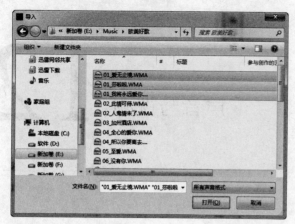

图 12-1-1

Flash 支持的声音文件格式有以下类型。

Adobe 声音（.asnd），是 Adobe Soundbooth 的本机声音格式。

Wave（.wav），是微软公司开发的一种声音文件格式，也叫波形声音文件，是最早的数字音频格式。该格式记录声音的波形，故只要采样率高、采样字节长、机器速度快，利用该格式记录的声音文件就能够和原声基本一致，质量非常高，但代价就是文件太大。

AIFF（.aif, .aifc），是一种很优秀的文件格式，但由于它是苹果电脑上的格式，因此在 PC 平台上并没有流行起来。

MP3，是第一个实用的有损音频，也是当前最流行的音乐格式之一。

还可以导入以下声音文件格式：

Sound Designer® II（.sd2）、Sun AU（.au, .snd）、FLAC（.flac）和 Ogg Vorbis（.ogg, .oga）。

12.1.2 添加声音

要将声音从库中添加到文档中，可以把声音插入到层中，然后在"属性"面板的"声音"控件中设置选项。建议将每个声音放在一个独立的图层。

1. 首先通过"文件→导入→导入到库"命令，将声音导入到库，如图 12-1-2 所示，库中多了一个带有喇叭图标的声音文件。点击时间轴面板的新建图层按钮，为声音创建一个专用层，命名为"声音"。

图 12-1-2

2．选中"声音"层的第一帧，然后将声音从库面板拖到舞台中，声音就添加到当前层了，如图 12-1-3 所示。

图 12-1-3

3．可以把多个声音放在一个层上，或放在包含其他对象的层上。当然，库面板中的声音也可添加到多个图层上，我们强烈建议将每个声音放在一个独立的层上，每个层都作为一个独立的声道，播放 SWF 文件时，会混合所有层上的声音。

4．在时间轴上，选中包含声音文件的第一个帧，在属性面板中，从"名称"弹出菜单中选择刚才导入的声音文件，如图 12-1-4 所示。

5．从"效果"弹出菜单中选择效果选项，为了保持原声音风格，这里选择"无"，当然也可以选择其他的音效，如图 12-1-5 所示。

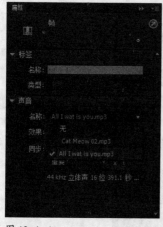 

图 12-1-4   图 12-1-5

- "无"：不对声音文件应用效果，选择此选项将删除以前应用的效果。

- "左声道"/"右声道"：只在左声道或者右声道中播放声音。

- "向右淡出"/"向左淡出"：会将声音从一个声道切换到另一个声道。

- "淡入"：在声音的持续时间内逐渐增加音量。

- "淡出"：在声音的持续时间内逐渐减小音量。

- 自定义：允许使用"编辑封套"创建自定义的声音淡入点和淡出点。

6. 从"同步"弹出菜单中选择"同步"选项，如图 12-1-6 所示。

图 12-1-6

"事件"会将声音和一个事件的发生过程同步起来。事件声音在应用到其起始关键帧时开始播放，并独立于时间轴完整播放，即使 SWF 文件停止播放，该声音也会继续播放下去。当播放发布的 SWF

文件时，事件和声音混合在一起。

事件声音的一个示例就是当用户单击一个按钮时播放的声音。如果事件声音正在播放，而声音会再次被实例化（例如，用户再次单击按钮），则第一个声音实例继续播放，另一个声音实例也会开始播放，这样会造成声音的混杂。

"开始"与"事件"选项的功能相近，但是如果声音已经在播放，则新声音实例不会播放。

"停止"将选中声音指定为静音。

"数据流"与事件声音不同，音频流随着 SWF 文件的停止而停止。而且，音频流的播放时间绝对不会比帧的播放时间长。当发布 SWF 文件时，音频流混合在一起。这样同步声音，可以方便地在 Web 站点上播放，Flash 强制音频流和动画同步。

7．为"重复"键入一个指定的值，以指定声音循环的次数，或者选择"循环"以连续不断地重复声音，如图 12-1-7 所示。

图 12-1-7

要连续播放，可以输入一个足够大的数，以便在扩展持续时间内播放声音。例如，要在 10 分钟内循环播放一段 10 秒的声音，可以输入 60。不建议使用循环音频流，如果将音频流设为循环播放，帧就会添加到文件中，文件的大小就会根据声音循环播放的次数而倍增。

12.1.3　给按钮添加声音

1．单击时间轴底部的"插入图层"按钮，新建一个图层，命名为"按钮"，如图 12-1-8 所示。

图 12-1-8

2．执行"插入→新建元件"命令，在"创建新元件"对话框中输入新按钮元件的名称。在"类型"
选区，选择"按钮"，然后单击"确定"按钮，如图12-1-9所示。

图 12-1-9

3．选中该按钮编辑区中的"弹起"帧，使用椭圆工具绘制按扭的背景，使用文本工具输入文字
"play"，如图12-1-10左图所示。

4．接下来单击"指针经过"帧，然后右键单击选择"插入关键帧"，如图12-1-10右图所示。

图 12-1-10

5．在"指针经过"状态中，调整按钮的背景颜色。再对"按下"帧和"点击"帧的按钮颜色做些
调整，如图12-1-11所示。凸现按钮所表达的意思为准。

6．接下来为按钮添加声音做准备，首先单击时间轴底部的新建图层按钮，添加一个名为"声音"
的图层，如图12-1-12所示。

图 12-1-11   图 12-1-12

7．选中"声音"图层中的"弹起"帧，按F6键插入空白关键帧，分别把后面两帧也插入"空白关键帧"。

8．选中"按下"下面的"空白关键帧"，打开属性面板的声音选项栏，从名称选项右侧的弹出菜单中选择一个声音文件，如图12-1-13所示。

图 12-1-13

9．因为按钮的每一个状态都是一个事件，所以从"同步"弹出菜单中选择"事件"，如图12-1-14所示。

图 12-1-14

10．按快捷键Ctrl+S保存文档，选择"控制→测试"来测试影片。当用鼠标点击"Play"按钮时会播放我们设置的按钮音效。

12.2　使用视频

从Flash8开始，Flash软件引入的专门的视频格式FLV。由于Flash播放器的普及，以及FLV极小的体积、高压缩率、高品质等优势，一经推出便引发了网上视频的热潮。在引入FLV后，Flash对多媒体的控制达到了前所未有的水平，它可以把视频、数据、图形、声音和交互式控制融为一体，从而创造出了更加丰富的体验。经过 Adobe 公司的不断推广和技术革新，从 Flash CS5 开始又推出了支持高清 H.264 编码的 F4V 流媒体格式。目前主流的视频网站大多已采用 H.264 编码的 F4V 文件。

导入 Flash 中的视频必须以 FLV 或 H.264 格式编码。视频导入向导（"文件" > "导入" > "导入视频"）会检查所选的视频文件；如果视频不是 Flash 可以播放的格式，则会发出提醒。如果视频不是 FLV 或 F4V 格式，可以使用 Adobe Media Encoder 以适当的格式对视频进行编码。

12.2.1　导入渐进式下载的视频 Flash

与声音文件的事件方式和流方式类似，Flash 的视频也有嵌入式和渐进式，前者全部下载完成后播放，后者采用流方式播放，而且具有更多的控制属性。本节主要介绍渐进下载式视频。在 Flash 中，可以导入已经部署到 Web 服务器上的视频文件，也可以选择存储在本地计算机上的视频文件，导入到 FLA 文件后再将其上载到服务器上。导入渐进式下载的视频方法如下。

1. 要导入视频剪辑到当前 Flash 文档，选择 "文件→导入→导入视频" 命令，屏幕上就会显示 "导入视频" 向导，如图 12-2-1 所示。

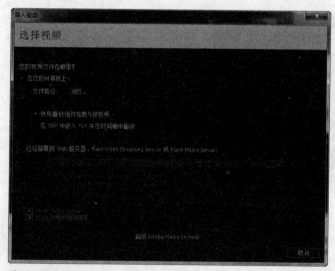

图 12-2-1

2. 选择要导入的视频剪辑。可以选择存储在本地计算机上的视频剪辑，也可以输入已上传 Web 服务器的视频的 URL，之后单击 "下一步" 按钮。

3．选择视频剪辑的外观，如图 12-2-2 所示。在外观下拉菜单中，Flash 提供了很多视频组件的皮肤风格，选择一个皮肤风格即可在上方进行预览。

图 12-2-2

4．选择"无"，为不设置 FLVPlayback 组件的外观；"选择预定义外观"之一，Flash 将该选中的外观复制到 FLA 文件所在的文件夹；自定义外观 URL，在 URL 后输入相应的 Web 的播放器外观的链接地址。

5．前面设置好后，单击"下一步"按钮，接下来在弹出的下一个界面中，单击"完成"按钮，如图 12-2-3 所示。

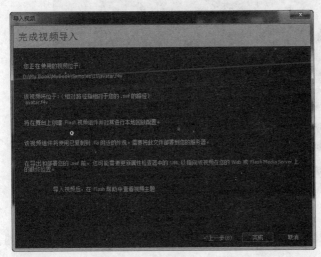

图 12-2-3

6. 视频插入完成，可以看到 Flash 文档中已经有了视频外观的组件，也可以根据需要，对该外观进行一些大小调整，如图 12-2-4 所示。

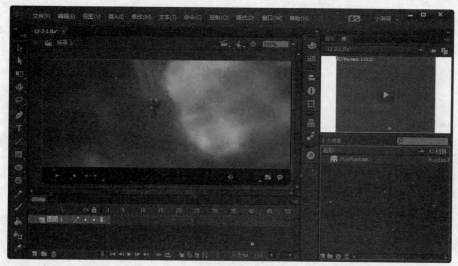

图 12-2-4

7. 这时可以预览一下导入后的效果了，选择"控制→测试影片"或者使用快捷键 Ctrl+Enter 来测试导入的视频，如图 12-2-5 所示。

图 12-2-5

导入成功后，Flash 会在舞台上创建 FLVPlayback 组件的实例，该组件自动链接导入视频的路径。点击舞台上的视频对象，在组件参数栏查看相应设置，如图 12-2-6 所示。

图 12-2-6

align：视频在组件中的对齐方式，共有 9 种对齐方式。

autoPlay：勾选后，当打开 SWF 文件时视频会自动播放。

cuePoints：视频提示点。

isLive：是否直播设置，如果是直播，当打开 SWF 时，播放进度是停止的。

scaleMode：当窗口缩放时，提供了 3 种视频缩放方式，等比缩放、不缩放和匹配窗口 3 个选项。

skin：点击右侧的铅笔图标可重新选择播放器的控制条风格。

skinAutoHide：设置播放控制条是否在视频播放时自动隐藏。

skinBackgroundAlpha：播放控制条背景的透明度。

skinBackgroundColor：播放控制条背景的颜色。

source：点击铅笔工具可重新定义链接的视频地址。

volumn：默认的音量大小，1 为最大，0 为最小。

12.2.2 把视频嵌入到 SWF 文件中

本节介绍嵌入式视频，这种格式主要用于在本地计算机播放。将视频剪辑导入为嵌入视频时，可以在"导入视频"向导中选择对视频进行嵌入、编码和编辑的选项。可以以多种文件格式将视频剪辑导入为嵌入视频 FLV 格式。嵌入视频到 SWF 文件的步骤如下。

1. 要将视频剪辑导入到当前 Flash 文档，选择"文件→导入→导入视频"命令，此时会显示"导入视频"向导。

2. 选择本地计算机上要导入的视频剪辑，选中"在 SWF 中嵌入 FLV 并在时间轴播放"单选按扭，如图 12-2-7 所示，之后单击"下一步"按钮。

图 12-2-7

3．在"符号类型"中可以选择相应选项，来决定视频以何种方式导入 Flash 文件，在此选择"嵌入的视频"选项，如图 12-2-8 左图所示。下一步，单击"完成"按钮以关闭"导入视频"向导以完成视频的导入过程，如图 12-2-8 右图所示。

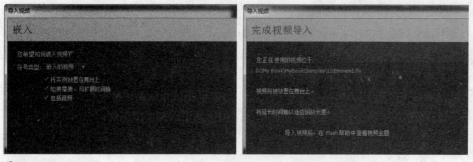

图 12-2-8

4．导入成功后，视频文件在舞台上作为一个对象存在，并且以视频的时长延长了 Flash 的帧的总长度，如图 12-2-9 所示。

拖动播放头可以看到视频每一帧的画面，我们可以根据动画的需要，在视频的画面上实现更多的效果。

图 12-2-9

5. 嵌入的视频导入成功后会保存在库面板中，选择舞台上已嵌入的视频对象，在属性面板中可更改嵌入视频的对象，如图 12-2-10 所示。点击"交换…"按钮可从更新列表中更改已嵌入的视频。

图 12-2-10

使用代码片断添加交互 13

学习要点

- 掌握如何使用"代码片断"面板
- 掌握如何使用代码片断控制时间轴和对象
- 掌握基本的手机触控应用
- 掌握如何使用代码片断控制音频和视频
- 掌握基本的 AIR 文件操作应用

前面我们学习了 Flash 的绘图、文本编辑、图形对象处理、补间动画的制作、滤镜、图层混合效果和声音视频的导入，掌握这些功能足够让我们制作出生动的 Flash 动画短片。但是，如果要制作带有交互内容的 Flash 作品，如 Flash 网站、Flash 游戏和课件等，我们便需要使用脚本来控制影片。

在 Flash 动画的制作中，许多功能需要使用编程来实现，Flash 的编程使用的是 ActionScript 脚本语言，利用 ActionScript 编程可以实现许多交互功能，例如控制一个影片剪辑播放完之后自动停止，控制一首歌的播放或停止，等等。ActionScript 随着 Flash 的更新不断完善，经历了 3 个语言版本，分别是 "ActionScript1.0"、"ActionScript 2.0" 和 "ActionScript3.0"。ActionScript3.0 发展至今已经成为一门标准的编辑语言，并且发展成一门独立学科。对于初学 Flash 软件的朋友来说，增加一门编辑语言的学习，压力无疑是巨大的，有没有什么方法可以不用完全掌握 Flash 编程语言即可实现简单的 Flash 动画控制呢？

Flash CC 为初学者提供了简单且实用的脚本控制工具——基于 ActionScript3.0 的"代码片断"面板，它不再支持 ActionScript2.0 的行为面板。这是 Flash CC 的一次大胆放弃，Flash CC 的所有文档必须是基于 ActionScript3.0 的文档，当 Flash CC 打开 ActionScript2.0 文档时，会发出警告提示，文档中所有的 ActionScript2.0 代码都将被删除。

打开基于 ActionScript 2.0 文档的警告框

　　"代码片断"面板旨在帮助非编辑人员轻松快速地开始使用 ActionScript，而不需要 ActionScript 的编辑知识。选择"窗口→代码片断"命令调出面板。

13.1　使用代码片断面板

　　我们可以使用代码片断添加能够影响对象在舞台上行为的代码，添加能在时间轴中控制播放头移动的代码，创建新代码片断添加到面板。使用代码片断控制对象，对象必须是影片剪辑、按钮或文本，必须在属性面板中为对象添加实例名，代码片断不能像在 ActionScript2.0 中那样直接添加到对象上，而只能添加到时间轴的帧中。"代码片断"面板功能如图 13-1-1 所示。

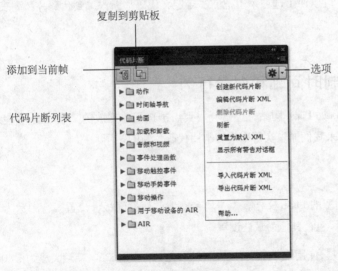

图 13-1-1

　　添加到当前帧：选择列表中的代码片断，点击该按钮即可把脚本应用于时间轴并控制对象。当应用代码片段时，此代码将添加到时间轴中的"Actions"图层的当前帧。如果尚未创建"Actions"图层，Flash 将在时间轴中的所有其他图层之上添加一个"Actions"图层。代码片断会自动添加到"动作"面板。动作面板即添加脚本的面板，有编辑基础的开发人员，可以直接通过动作面板添加脚本，灵活地控制 Flash 对象。对于初学者来说，我们只要点击代码片断，Flash 就会自动帮我们把代码写在动作面板中，我们可以通过执行菜单命令"窗口→动作"或按 F9 键调出动作面板，如图 13-1-2 所示，点击的代码片断自动添加到动作面板中。

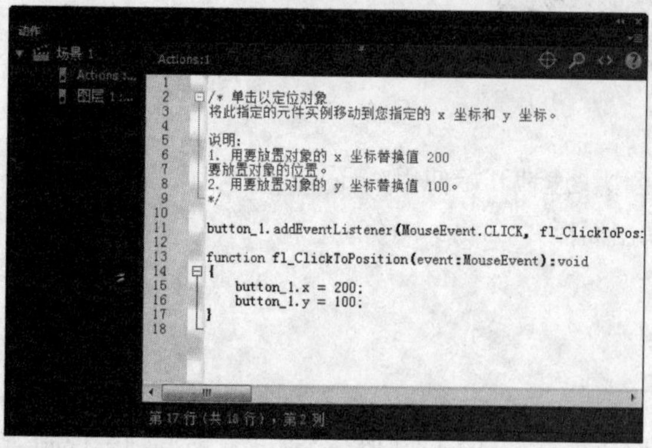

图 13-1-2

复制到剪贴板：可以将选中的代码片断复制到剪贴板，再粘贴到动作面板，以此来组合代码片断，实现更复杂的控制。

选项：对于有编辑基础的人，可以使用选项菜单把创建自定义代码片断添加到代码片断列表中，以便重复使用。

13.2 使用代码片断控制时间轴和对象行为

在很多 Flash 动画的制作中，例如 Flash 网站，经常会用到点击按钮才播放的某段动画，需要频繁控制时间轴的播放和停止。接下来我们通过实例来学习常用代码片断的使用。

13.2.1 时间轴控制

1．新建一个 ActionScript3.0 类型的 Flash 文档，点击舞台右侧的属性面板，设置舞台的宽为 800 像素，高为 520 像素，设置背景为黑色，其他为默认设置。

2．把"图层 1"重命名为"背景"，使用线条工具，设置笔触颜色为"#333333"，笔触大小为"1.00"，绘制一条宽为 800 像素的直线，设置 x 坐标为 0，y 坐标为 100，再绘制一条一样的线条，设置 y 坐标 470。

3．使用矩形工具，设置颜色为白色，笔触为无，宽度为 800 像素，高度为 350 像素，设置 x 坐标为 0，y 坐标为 110，如图 13-2-1 所示，Flash 网站的背景绘制完毕。

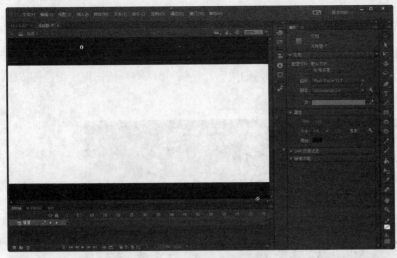

图 13-2-1

4. 回到时间轴面板，在"背景"图层上新建一个名为"copyright"的图层，使用文本工具输入网站的版权信息。

5. 在"copyright"图层上新建一个名为"导航"的图层,使用文本工具在舞台上分别输入"HOME"、"ABOUT ME"、"MY WORKS"、"BLOG"和"CONTACTS"5 个文本，分别选中各文本，按 F8 键，将 5 个文本转化为按钮元件。点击各元件进入编辑状态，调整按钮各状态的效果。把 5 个按钮元件排列好，作为网站的导航，导入网站 LOGO 置于舞台右上角，如图 13-2-2 所示。

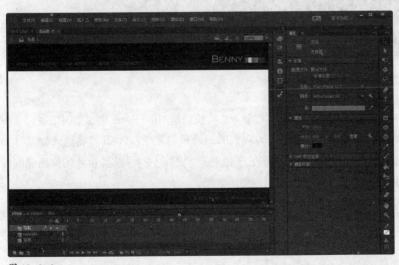

图 13-2-2

6. 在"导航"图层上新建一个名为"内容"的图层，选中所有图层的第 4 帧，按 F5 键插入帧。选中"内容"图层的第 2 帧、第 3 帧和第 4 帧，分别按 F6 键插入空白关键帧。导入事先准备好的各栏目的内容，在第 1 帧导入"HOME"的内容，在第 2 帧导入"ABOUT ME"的内容，在第 3 帧导入"MY WORKS"的内容，在第 4 帧导入"CONTACTS"的内容，导航"BLOG"按钮将作为链接按钮，链接到外部网站，如图 13-2-3 所示。

图 13-2-3

7. 导入素材后，我们的 Flash 网站内容便部署好了，按快捷键 Ctrl+Enter 测试影片，我们会发现，Flash 网站内容一直在闪动，停不下来，这是因为我们的动画只有 4 帧，Flash 就将这 4 帧循环播放。我们要达到的效果是：用户进入网站，页面停留在首页，点击页面上的导航按钮才切换相应的内容。接下来我们为时间轴添加代码片断，以达到我们设想的效果。

8. 回到第 1 帧，点击代码片断面板图标 调出代码片断，点开代码片断列表的"时间轴导航"文件夹，选择"在此帧处停止"代码片断，处于被选中的代码片断以浅蓝色背景标识，如图 13-2-4 所示。

9. 点击"添加到当前帧"按钮 或双击代码片断应用代码，这时时间轴面板会自动创建一个名为"Actions"的图层，并把代码插入到第 1 帧，显示在动作面板中，如图 13-2-5 所示。

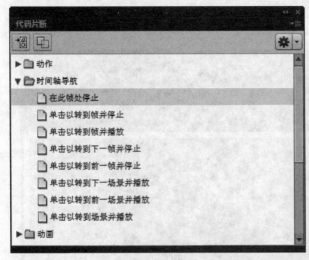

图 13-2-4

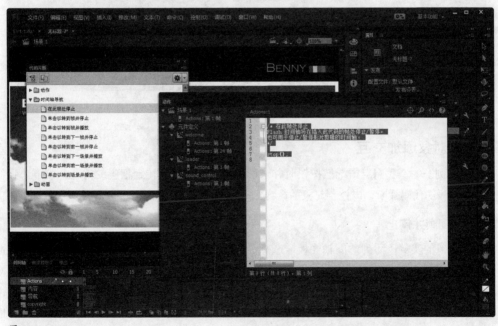

图 13-2-5

10．分别在"Actions"图层的第 2 帧、第 3 帧、第 4 帧按 F6 键插入空白关键帧。分别点击第 2、第 3、第 4 帧，使用代码片断面板插入"在此帧处停止"的代码片断，使 Flash 在各页面停止播放。按快捷键 Ctrl+Enter 测试影片，我们可以看到影片的画面在第 1 帧处停止，代码片断起到了控制时间轴播放的作用，如图 13-2-6 所示。

图 13-2-6

13.2.2　为对象添加交互

在前面的例子中，我们点击导航按钮时并未产生作用，无法跳转到相应的内容。接下来我们学习如何给对象添加代码片断，以控制对象的行为。

1.　单击以转到帧并停止

打开上一节的实例，回到时间轴面板，选择"导航"图层中的 5 个按钮，在舞台右侧的属性面板中分别为这 5 个按钮分配实例名称。为"HOME"按钮设置实例名为"home"，为"ABOUT ME"按钮设置实例名为"about"，为"MY WORKS"按钮设置实例名为"works"，为"BLOG"按钮设置实例名为"blog"，为"CONTACTS"按钮设置实例名为"contacts"，如图 13-2-7 所示，实例名请使用英文字母或字母带数字或下划线的组合。

把时间轴播放头拖至第 1 帧，我们要在第 1 帧就设置好导航的脚本控制。选择"home"按钮实例，打开代码片断面板,点开代码片断列表中的"时间轴导航"文件夹，选择"单击以转到帧并停止"，双击代码片断应用代码，如图 13-2-8 所示。

图 13-2-7

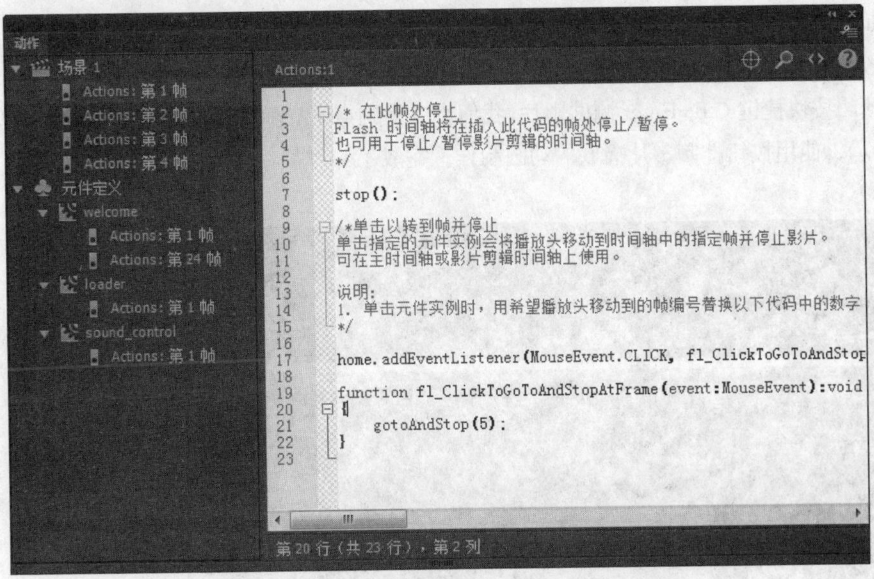

图 13-2-8

从动作面板中我们可以看到"单击以转到帧并停止"代码的工作原理，说明部分提示我们要转到哪一帧停止只需要替换代码中的数字 5 即可，"home"实例名称被自动引用到代码中。我们之前部署的"HOME"内容在第 1 帧，因些我们只需要将显示代码面板中的数字"5"改成"1"即可，如图 13-2-9 所示。

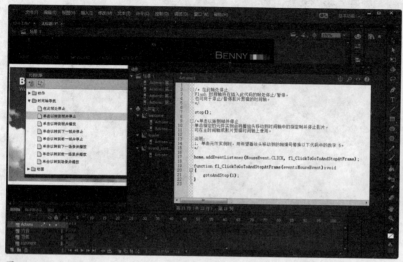

图 13-2-9

分别给"about"按钮实例、"works"按钮实例和"contacts"按钮实例添加"单击以转到帧并停止"的代码片断，使点击"about"按钮转向第 2 帧，点击 works"按钮转到第 3 帧，点击"contacts"按钮转到第 4 帧。按快捷键 Ctrl+Enter 测试影片，我们可以看到点击导航按钮时场景内容发生了变化，如图 13-2-10 所示，使用按钮控制影片播放的动画制作就完成了。

图 13-2-10

"时间轴导航"文件夹中还为我们提供了"单击转到帧并播放"、"单击转到下一帧并停止"、"单击转到前一帧并停止"、"单击转到下一场景并播放"、"单击转到前一场景并播放"和"单击以转到场景并播放"代码片断，这些代码片断与前面讲过的两个代码片断用法相同，我们可以通过这些代码片断灵活地控制时间轴。

2. 单击以转到Web页

"单击以转到 Web 页"是在 Flash 中添加超链接的代码片断，通常用于按钮链接到网址或点击按钮发送邮件。我们来看看如何给按钮添加超链接。

把播放头拖到时间轴的第 1 帧，选择舞台上的"blog"按钮元件，打开代码片断面板的"动作"文件夹，选择"单击以转到 Web 页"，点击"添加到当前帧"按钮，如图 13-2-11 所示。

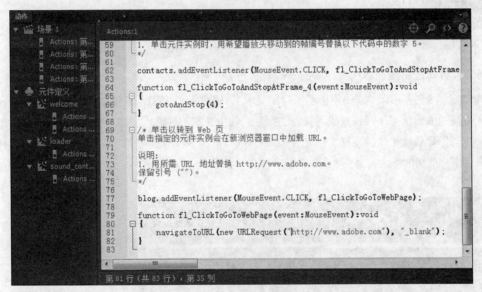

图 13-2-11

动作面板中"blog"实例名被引用，代码提示单击以转到 Web 页的链接地址设置只需把链接地址替换掉"http://www.adobe.com"即可。这里我们点击显示代码面版中的删除蓝色链接地址，输入个人博客的链接地址，点击"插入"按钮，代码便自动添加到"Actions"图层的第一帧中。

按快捷键 Ctrl+Enter 测试影片，点击导航的"blog"按钮元件，Flash 会自动打开浏览器转到新的页面。

如果要更链接网址，可以通过以下方法进行修改。点击"Actions"图层的第 1 帧，按 F9 键打开动作面板，我们可以看到在动作面板中有之前操作插入的代码片断和代码注释。拖动滚动条，找到相应的网址文本即可进行修改。其他的代码片断，比如"单击以转到帧并停止"的代码，只需要找到相应的参数进行替换即可，如图 13-2-12 所示。

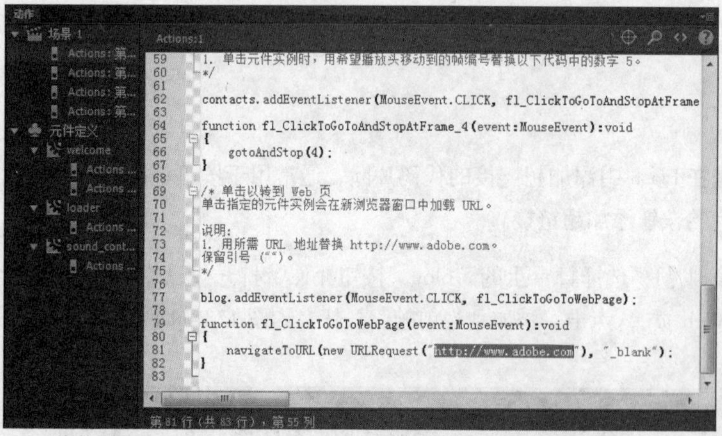

图 13-2-12

3. 控制影片剪辑控制播放

　　选择"内容"图层的第 1 帧，使用椭圆工具和文本工具绘制一个按钮，在舞台上设置实例名为"go"，双击进入按钮的编辑状态，调整按钮各状态的颜色。使用文本工具输入文本"Welcome to my space!"，并将其转化为影片剪辑元件，设置实例名为"welcome"。我们要在舞台上实现点击"go"按钮以控制"welcome"影片剪辑的播放，如图 13-2-13 所示。

图 13-2-13

　　首先我们让"welcome"影片剪辑动起来。双击进入"welcome"影片剪辑的编辑状态，右键单击第 1 帧，在弹出菜单中选择"创建补间动画"，帧自动延长到第 24 帧，在第 24 帧按 F6 键插入关键帧。

回到第 1 帧，把文本对象拖到舞台右侧，按 Ctrl + Enter 键测试影片，我们可以看到文本从右侧飞入到舞台的动画效果。

由于影片剪辑嵌套在舞台第 1 帧上，影片剪辑的时间轴是独立的，与舞台的时间轴没有关系，因此发布影片的时候，"welcome"影片剪辑会一直重复播放。我们使用之前学到的时间轴控制方法，回到"welcome"影片剪辑的第 1 帧，打开代码片断面板，应用"在此帧处停止"的代码片断，影片剪辑将在第 1 帧就停止播放，选择"Actions"层的第 24 帧，按 F6 键插入关键帧，同样应用"在此帧处停止"的代码片断，如图 13-2-14 所示。

图 13-2-14

点击舞台导航中的"场景 1"，回到舞台的第 1 帧，在舞台右侧选择"welcome"影片剪辑，打开代码片断面板中的"动作"文件夹，选择"播放影片剪辑"，右键单击代码片断，选择"复制代码片断"，如图 13-2-15 所示。这时控制"welcome"播放的代码片断被复制到剪贴板中备用。

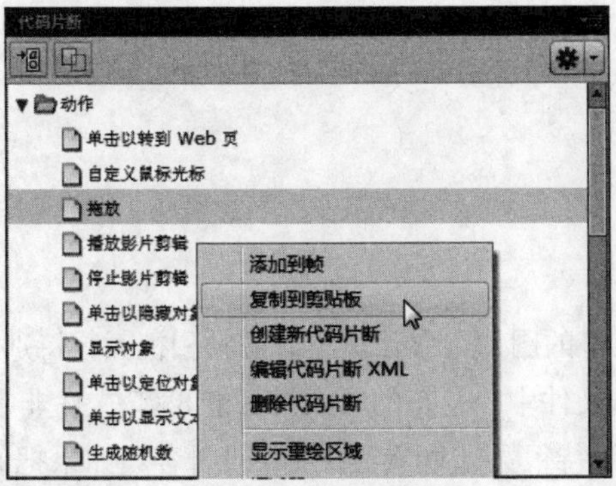

图 13-2-15

保持在第 1 帧，选择舞台上的"go"按钮实例，打开代码片断面板的"事件处理函数"文件夹，应用"Mouse Click 事件"，这时"go"按钮增加了鼠标点击的事件，在动作面板中我们可以看到，这个事件处理函数需要我们自己编写自定义代码，如图 13-2-16 所示。

图 13-2-16

选择"Actions"图层的第 1 帧，按 F9 键打开动作面板，拖动滚动条到面板的最下方，找到刚才插入的鼠标事件代码片断，在添加自定义代码区中按 Enter 键新建一行，按快捷键 Ctrl+V 将剪贴板中的代码片断粘贴到事件处理函数中，最终的代码如图 13-2-17 所示。

```
149    function fl_MouseClickHandler_2(event:MouseEvent):void
150    {
151        // 开始您的自定义代码
152        // 此示例代码在"输出"面板中显示"已单击鼠标"。
153        trace("已单击鼠标");
154
155    /* 播放影片剪辑
156    在舞台上播放指定的影片剪辑。
157
158    说明：
159    1. 将此代码用于当前停止的影片剪辑。
160    */
161
162    welcome.play();
163
164        // 结束您的自定义代码
165    }
166
```

图 13-2-17

按快捷键 Ctrl+Enter 测试影片，我们可以看到，一开始"welcome"并未播放，当我们点击"go"按钮时，"Welcome to my space!"这段文本就从右侧飞进舞台了。

13.3 加载外部对象

在制作 Flash 时，较为复杂的 Flash 动画会包含很多的图片、影片剪辑、音频和视频，特别是制作 Flash 网站时，如果把这些元素全部放在一个 Flash 文件中，发布的时候有可能 SWF 文件非常大，在带宽有限的情况下，加载会非常慢，用户可能要等待很久才能看到 Flash 的内容。如果把 Flash 元素拆解，当有需要的时候才加载内容，这样便可以大大减小 SWF 文件的大小，有利于提升用户的体验。例如我们把图片、动画片断、声音和视频放到 Flash 文件外，当有需要的时候再加载到 Flash 文件中。

　　以往加载外部文件需要较复杂的编辑才可实现，现在我们可以通过代码片断，只要替换相应的内容，做很少的工作就可以完成复杂内容的加载工作。接下来我们通过实例来学习外部 SWF、图片和文本的加载方法。

13.3.1　加载 / 卸载外部的 SWF 和图片

　　1．打开上一节的实例，选择"内容"图层的第 2 帧，我们在这一帧制作"ABOUT ME"的内容。使用矩形工具，设置笔触为无，填充透明度为 0，绘制一个宽和高都为 256 像素的矩形。选择矩形，按 F8 键将其转化为影片剪辑，注册点在左上角，如图 13-3-1 所示。

图 13-3-1

　　2．双击矩形元件，在当前位置编辑。使用文本工具输入文本"点击载入图片"，选择透明矩形和文字，按 F8 键转化为按钮元件，如图 13-3-2 所示。

　　3．点击按钮元件，在属性面板中设置实例名为"myloader"，如图 13-3-3 所示。复制一张名为"me. png"的图片，放在与 FLA 文件相同的目录中，作为载入对象。

图 13-3-2

图 13-3-3

4．选择"myloader"实例，打开代码片断面板的"加载和卸载"文件夹，选择"单击以加载／卸载 SWF 或图像"代码片断，双击应用代码片断。在面板中找到"http://www.helpexamples.com/flash/images/image1.jpg"文字，将其替换为"me.png"，如图 13-3-4 所示。此处注意要保留英文引号，若要加载其他目录下的图片文件，写入文件与 SWF 文件的相对地址即可。

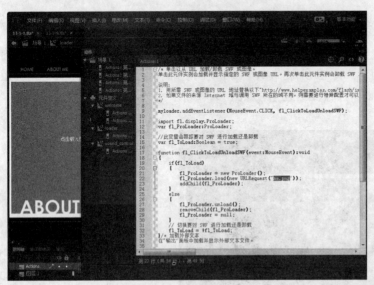

图 13-3-4

5．点击场景导航中的"场景 1"回到舞台，按快捷键 Ctrl+Enter 测试影片，点击"ABOUT ME"按钮跳转到第 2 帧，点击"点击载入图片"文字，这时一张图片便被加载到影片剪辑中了，如图 13-3-5 所示。

图 13-3-5

13.3.2　单击加载外部的文本

1．选择"内容"图层的第 2 帧，双击进入上一节中制作载入图片的影片剪辑。使用文本工具，选择动态文本类型，在载入的图片区域右边拖出一个文本框，设置字体为 Arial，大小为 14，颜色为白色，消除锯齿为"使用设备字体"，并设置此文本的实例名称为"aboutme"，如图 13-3-6 所示。

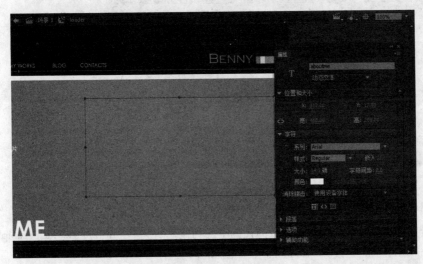

图 13-3-6

2．选择"窗口→组件"命令，打开组件面板，拖动组件 UIScrollBar 至文本框右侧，松开鼠标使 UIScrollBar 组件自动吸附在文本框右侧，调整 UIScrollBar 组件的高度，此时空白的滚动文本框便制作完成了，如图 13-3-7 所示。此文本框作为载入文本的显示区域。

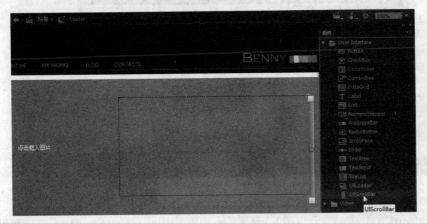

图 13-3-7

3．新建一个名为"about.txt"的 TXT 文档，置于 FLA 文件的相同目录，此时文件的结构如图

13-3-8 所示。打开 about.txt 文件,在文本中输入内容并保存。这里需要注意,文本的编码类型要为 UTF-8,这样在有中文 Flash 载入时才不会出现乱码。更改文本编码的方式是,点击文本"另存为",在编码类型中选择"UTF-8"保存即可。

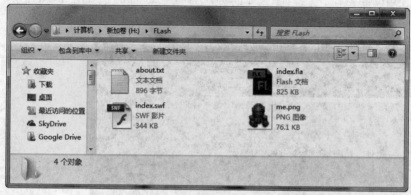

图 13-3-8

4.回到 Flash 中,选择影片剪辑的第 1 帧,打开代码片断面板的"加载和卸载"文件夹,选择"加载外部文本",双击应用代码片断,在动作面板的代码中找到蓝色的文本"http://www.helpexamples.com/flash/text/loremipsum.txt",更改为"about.txt",如图 13-3-9 所示。

图 13-3-9

5.找到"trace(textData);"这一行,按 Enter 键输入代码"aboutme.text = textData;",这行代码的意思是,将载入成功的文本对象赋值给"aboutme"的属性"text",最终代码如图 13-3-10 所示。

```
33        }/* 加载外部文本
34        在"输出"面板中加载并显示外部文本文件。
35
36        说明:
37        1. 用要加载的文本文件的 URL 地址替换"http://www.helpexamples.com/flas.
38        此地址可以是相对链接或"http://"链接。
39        地址必须括在引号("")中。
40        */
41
42        var fl_TextLoader:URLLoader = new URLLoader():
43        var fl_TextURLRequest:URLRequest = new URLRequest("about.txt"):
44
45        fl_TextLoader.addEventListener(Event.COMPLETE, fl_CompleteHandler):
46
47        function fl_CompleteHandler(event:Event):void
48        {
49            var textData:String = new String(fl_TextLoader.data):
50            trace(textData):
51            aboutme.text = textData:
52        }
53
54        fl_TextLoader.load(fl_TextURLRequest):
```

图 13-3-10

6．按快捷键 Ctrl+Enter 测试影片，点击"ABOUT ME"按钮，可以看到舞台右侧载入了文本，并且可以滚动内容，这样，如果我们更改了文本文件的内容，Flash 中的文本区域的内容也会自动更新。加载外部文件可以大大降低 Flash 的维护成本，如图 13-3-11 所示。

图 13-3-11

13.4 控制声音和视频

在 Flash 中，声音和视频的播放控制，除了导入到时间轴进行控制之外，也可以通过代码片断来动态加载声音和视频，并通过代码片断来控制声音和视频的播放和停止。

13.4.1　单击声音的播放与停止

1. 制作切换按钮

　　首先我们来做一个声音控制的开关按钮。按快捷键 Ctrl+F8 新建一个影片剪辑，进入影片剪辑的编辑状态。使用绘图工具绘制声音控制开关的两个状态：一个为正在播放，一个为静音，如图 13-4-1 所示。

图 13-4-1

　　分别选择两个图形，按 F8 键将其转化为按钮元件。此时各对象之间的关系是，两个声音控制开关的按钮在影片剪辑中。分别对两个按钮的各状态进行编辑后，回到影片剪辑内，选择按钮，在属性面板中分配实例名，设置左边的按钮实例名为"music_off"，用来表示声音静音状态。设置右边的按钮实例名为"music_on"，用来表示声音播放状态。

　　我们知道日常生活中开关的两个状态是不会同时出现的，因此我们利用代码片断来控制声音开关按钮的状态切换。实现以下效果：一开始只显示一个播放按钮，静音按钮隐藏；当点击播放按钮时，播放按钮隐藏，静音按钮显示；当点击静音按钮时，静音按钮隐藏，播放按钮显示。

　　分别选择"music_off"和"music_on"按钮，打开代码片断面板的"动作"文件夹，选择"单击以隐藏对象"代码片断，双击应用代码片断，代码片断自动插入到新建的"Actions"中，如图 13-4-2 所示。

```
/* 单击以隐藏对象
单击此指定的元件实例会将其隐藏。

说明：
1. 将此代码用于当前可见的对象。
*/

music_on.addEventListener(MouseEvent.CLICK, fl_ClickToHide_4);

function fl_ClickToHide_4(event:MouseEvent):void
{
    music_on.visible = false;
}
music_off.addEventListener(MouseEvent.CLICK, fl_ClickToHide_3);

function fl_ClickToHide_3(event:MouseEvent):void
{
    music_off.visible = false;
}
```

图 13-4-2

　　这时，当点击"music_off"和"music_on"按钮时，其自身会自动隐藏。现在，还没有达到点击按钮隐藏自身而显示另一个按钮的要求，因而继续添加代码片断。

　　选择"music_off"实例，打开代码片断的"动作"文件夹，选择"显示对象"，右键单击代码片断，在弹出菜单中选择"复制到剪贴板"，如图 13-4-3 所示。

选择"Actions"图层的第 1 帧，按快捷键 F9 打开动作面板，找到控制"music_on"的代码片断，在"music_on.visible = false;"行按 Enter 键，按 Ctrl+V 键粘贴代码片断，如图 13-4-4 右图所示。这里讲解一下隐藏和显示对象的代码：ActionScript3.0 对象的属性语法结构是"对象名 . 属性"，"visible"是控制对象显示或隐藏的属性，它是布尔类型的值，"true"表示真，"false"表示否。用相同的操作找到控制"music_off"的代码片断，设置为"music_on"，最终代码结构如图 13-4-4 左图所示。

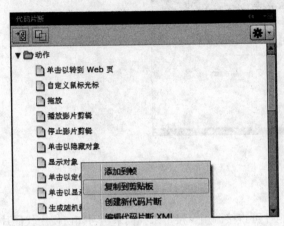

图 13-4-3

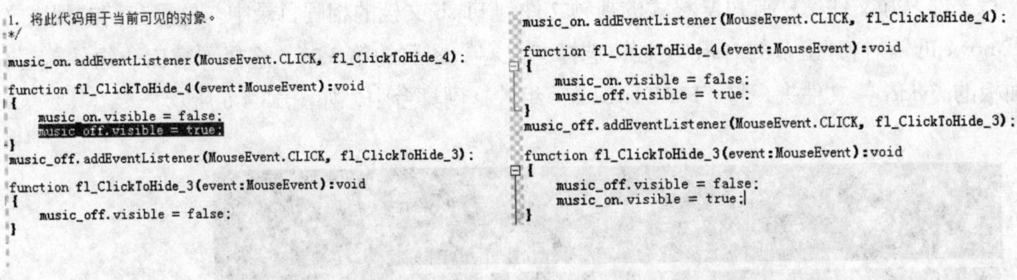

图 13-4-4

在动作面板中初始化两者的显示隐藏属性。在动作面板的第一行中，设置为一开始静音按钮隐藏，输入代码"music_off.visible = false;"，分别设置两个按钮的 x 坐标和 y 坐标为 0，使两个按钮重叠。

点击舞台导航按钮"场景 1"回到舞台，选择"导航"图层的第 1 帧，将做好的声音控制开关元件拖到舞台的的右下角"copyright"之下，按快捷键 Ctrl+Enter 测试影片，我们可以看到点击声音开关按钮状态互相切换。

2. 单击以播放/停止声音

拷贝 MP3 格式的声音文件到 Flash 文档的目录中，这里我们的声音文件名为"bg.mp3"。回到 Flash 舞台中，选中声音控制开关影片剪辑实例，在属性面板中设置实例名为"music_control"，打开代码片断面板的"音频和视频"文件夹，选择"单击以播放 / 停止声音"代码片断，双击将代码片断插入到"Actions"图层的第1帧。打开动作面板,替换"http://www.helpexamples.com/flash/sound/song1.mp3"代码为"bg.mp3",如图13-4-5所示。此时声音控制的制作完成了。按快捷键Ctrl+Enter测试影片,点击声音控制开关,会发现当点击声音播放按钮时音乐开始播放,当点击静音按钮时音乐停止播放。

图 13-4-5

13.4.2   控制视频回放

Flash的视频控制已经有非常成熟的视频组件可直接调用。接下来我们来学习如何使用代码片断控制视频的播放和停止。

首先部署好文件,复制FLV格式的视频文件到Flash文档的相同目录中,这里我们的视频文件名为"movie.flv"。打开上节的Flash文档,选择"内容"图层的第3帧,选择"窗口→组件",打开组件面板的"video"文件夹,将"FLVPlayback"组件拖到舞台中,如图13-4-6所示。

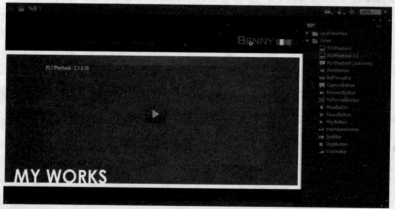

图 13-4-6

选择组件,在属性面板中设置该组件的实例名为"mymovie",如图13-4-7所示。在组件的属性面板中取消"autoplay"的勾选，选择"skin"为"无"，找到"source"属性，单键单击右侧的编辑按钮，这时会弹出"内容路径"对话框，点击右侧的文件夹图标，选择我们已经部署好的视频，勾选"匹配源尺寸"，如图 13-4-8 所示。

图 13-4-7

图 13-4-8

这时，舞台上的视频组件会自动匹配源视频的尺寸。制作视频播放按钮和停止按钮，将按钮置于视频组件的下方，调整视频组件与按钮的位置关系，如图 13-4-9 所示。

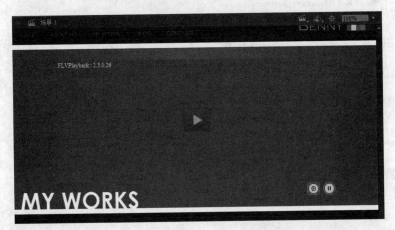

图 13-4-9

选择播放和停止按钮，在属性面板中分别设置实例名为"movie_play"和"movie_pause"。选择播放按钮，打开代码片断面板的"音频和视频"文件夹，双击"单击以播放视频"代码片断，将代码片断插入到"Actions"图层的第3帧。打开动作面板，替换代码"video_instance_name"为"mymovie"，如图13-4-10所示。

```
6
7    stop();
8
9  □/* 单击以播放视频（需要 FLVPlayback 组件）
10    单击此元件实例会在指定的 FLVPlayback 组件实例中播放视频。
11
12    说明：
13    1. 用您要播放视频的 FLVPlayback 组件的实例名称替换以下 video_instance_name。
14    舞台上指定的 FLVPlayback 视频组件实例将播放。
15    2. 确保您已在 FLVPlayback 组件实例的属性中分配了视频源文件。
16  */
17
18    movie_play.addEventListener(MouseEvent.CLICK, fl_ClickToPlayVideo);
19
20    function fl_ClickToPlayVideo(event:MouseEvent):void
21  □{
22        // 用此视频组件的实例名称替换 video_instance_name
23        mymovie.play();
24    }
25
```

图 13-4-10

使用同样的方法选择停止按钮，应用"单击以暂停视频"代码片断，选择"Actions"图层的第3帧，按F9键打开动作面板，最终的代码如图13-4-11所示。

```
10    单击此元件实例会在指定的 FLVPlayback 组件实例中播放视频。
11
12    说明：
13    1. 用您要播放视频的 FLVPlayback 组件的实例名称替换以下 video_instance_name。
14    舞台上指定的 FLVPlayback 视频组件实例将播放。
15    2. 确保您已在 FLVPlayback 组件实例的属性中分配了视频源文件。
16  */
17
18    movie_play.addEventListener(MouseEvent.CLICK, fl_ClickToPlayVideo);
19
20    function fl_ClickToPlayVideo(event:MouseEvent):void
21  □{
22        // 用此视频组件的实例名称替换 video_instance_name
23        mymovie.play();
24    }
25
26  □/* 单击以暂停视频（需要 FLVPlayback 组件）
27    单击此元件实例会在指定的 FLVPlayback 组件实例中暂停视频。
28
29    说明：
30    1. 用您要暂停的 FLVPlayback 组件的实例名称替换以下 video_instance_name。
31  */
32
33    movie_pause.addEventListener(MouseEvent.CLICK, fl_ClickToPauseVideo);
34
35    function fl_ClickToPauseVideo(event:MouseEvent):void
36  □{
37        // 用此视频组件的实例名称替换 video_instance_name
38        mymovie.pause();
39    }
40
```

图 13-4-11

　　按快捷键 Ctrl+S 保存文件，按 Ctrl+Enter 测试影片。点击"MY WORKS"按钮，切换到第 3 帧，点击播放按钮视频开始播放，点击停止按钮视频将停止，如图 13-4-12 所示。

图 13-4-12

13.5　移动设备触控及调试

　　Flash 不仅可以制作动画，更是开发移动应用程序和桌面应用程序的专业开发软件。可以使用 Flash 开发适合在手机上应用的 Flashlite 应用程序、在 Android 和 IOS 系统上运行的移动设备应用程序，以及在操作系统上运行的 AIR 桌面应用程序。

　　Flash CC 提供了移动应用程序和桌面应用程序的代码片断，比如"移动触控事件"、"移动手势事件"、"移动操作"、"用于移动设备的 AIR"和"AIR"5 类代码片断。我们可以通过这些代码片断开发简单的移动应用内容和桌面应用内容。接下来我们通过制作滑动屏幕切换内容的实例来了解一下如何使用代码片断开发移动设备内容。

　　1. 选择"文件→新建"命令，弹出新建文档窗口，选择"AIR for Android"或"AIR for ios"，点击"确定"按钮新建 Flash 文档，如图 13-5-1 所示。也可以直接通过欢迎界面点击相应文档类型新建 Flash 文档。这里我们选择"AIR for IOS"来创建 iPhone 应用程序。新建完成后，可以在属性面板看到文档的尺寸是宽 640 像素，高 960 像素。

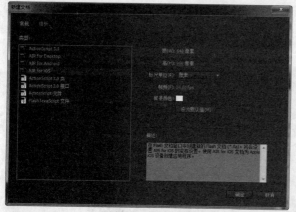

图 13-5-1

2. 按快捷键 Ctrl+R 导入准备好的 3 张素材图片，所有图片会自动堆叠在第 1 帧。按快捷键 Ctrl+A 全选所有的图片，右键单击图片，在弹出菜单中选择"分布到关键帧"。"分布到关键帧"是 Flash CC 提供的新功能，可以把一系列素材按所选的顺序分布到连续的关键帧中，如图 13-5-2 所示。

3. "分布到关键帧"的操作会从当前帧开始生成关键帧，由于所选对象分配到后续帧中，第一帧变成空白帧。右键单击第 1 帧，选择"删除帧"。打开代码片断面板的"时间轴导航"文件夹，应用"在此帧处停止"代码片断，分别选择第 1、2、3 帧应用同样的代码片断。

4. 选择第 1 帧，打开代码片断的"移动操作"文件夹，选择"滑动以转到上 / 下一帧并停止"，点击"添加到当前帧"按钮应用代码片断，如图 13-5-3 所示。

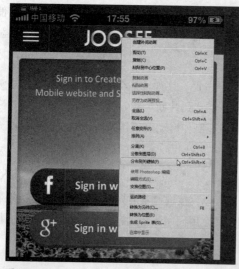

图 13-5-2

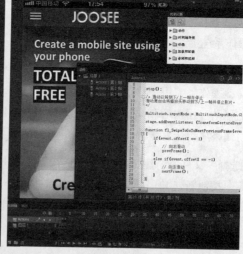

图 13-5-3

5. 按快捷键 Ctrl+Enter 测试应用程序，Flash 会弹出一个手机模拟器与调试窗口，如图 13-5-4 所示。

图 13-5-4

6. 模拟器主要包括"加速计"、"多点触控"和"地理定位"三部分，如图 13-5-5 所示。

图 13-5-5

"加速计"模拟移动设备的空间位置,"多点触控"模拟移动设备的操作方法,"地理定位"模拟移动设备的地理位置和移动速度。

在模拟器中选择打开"TOUCH AND GESTURE"栏,勾选"Touch layer"选项,在"Gesture"手势中选择"Swipe"滑动手势,模拟器会自动在播放器窗口上覆盖一层透明度为 20% 的黑色层,光标变成一个圆圈表示手指。向左向右滑动鼠标,我们会看到内容自动切换,如图 13-5-6 所示。

图 13-5-6

13.6　AIR 程序基本应用

Adobe AIR 即 Adobe Integrated Runtime,它可以使开发人员跨平台和设备(包括个人计算机、电视、Android、BlackBerry 和 iOS 设备)部署通过 HTML、JavaScript、ActionScript、Flex、Adobe Flash Professional 和 Adobe Flash Builder 创建的独立应用程序。Flash 同样可以开发 AIR 应用程序,下面我们通过代码片断来了解 AIR 窗体最大化、最小化和关闭的工作原理。

1. 从欢迎界面新建 AIR 类型的 Flash 文档,导入一张图片到舞台,如图 13-6-1 所示。

2. 使用绘图工具在舞台的右上角绘制 3 个按钮,从左到右分别是"最小化""最大化"和"关闭",将 3 个按钮转化为按钮元件。

3. 在舞台上选择"最小化"按钮,在属性面板中设置实例名为"min";选择"最大化"按钮,设置实例名为"max";选择"关闭"按钮,设置实例名为"closer",如图 13-6-2 所示。

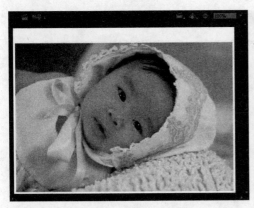
图 13-6-1

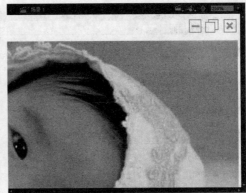
图 13-6-2

4．选择"min"按钮实例，打开代码片断面板的"AIR"文件夹，选择"单击以最小化 AIR 窗口"，点击"添加到当前帧"按钮应用代码片断，如图 13-6-3；选择"max"按钮实例，应用"单击以最大化或恢复 AIR 窗口"；选择"closer"按钮实例，应用"单击以关闭 AIR 窗口"。

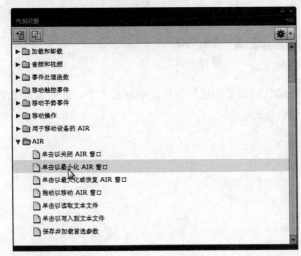
图 13-6-3

5．回到舞台，在属性面板的发布栏中找到"目标"选项，点击右边的扳手按钮，弹出 AIR 设置窗口，在"窗口样式"下拉菜单中选择"自定义镶边（不透明）"，如图 13-6-4 所示。

6．按快捷键 Ctrl+Enter 测试 AIR 应用程序，如图 13-6-5 所示，出现了一个带"最小化"、"最大化"和"关闭"按钮的白色窗体，点击相应按钮即执行窗体命令。

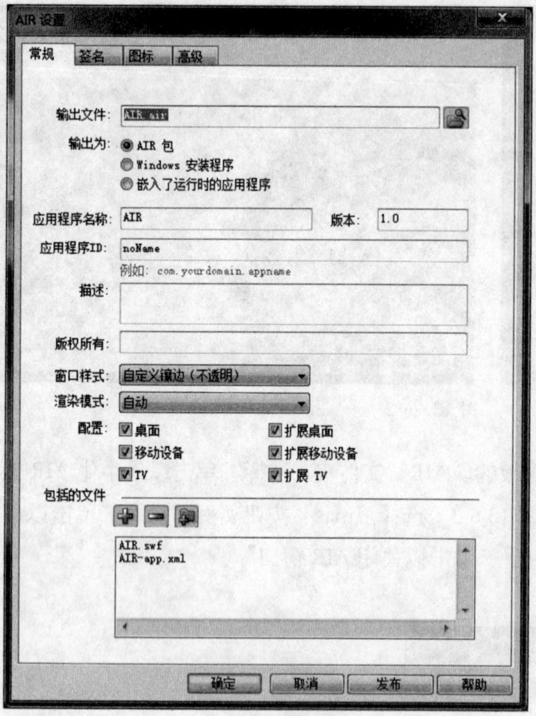

图 13-6-4

图 13-6-5

代码片断的用法大同小异，只要认真阅读代码提示和注释说明，很容易上手，也可大大提高开发效率，其他代码片断的使用不再赘述。

发布影片 14

- 掌握 Flash 作品的测试方法
- 掌握 Flash 作品优化的注意事项
- 掌握 Flash 作品输出的设置
- 掌握 Flash 发布的方法

14.1　Flash 作品的测试与优化

在 Flash 软件中制作完成一个作品后，还需要最后一步，就是发布作品。发布的主要用途有两个，一个是把作品从创作环境中（也就是 Flash 软件中）脱离出来，使它可以部署到各种平台，包括桌面操作系统或移动设备操作系统；另外一个是可以保护我们的创意，别人只能看到最终的动画效果，而无法通过查看源文件来模仿我们的创作过程。

在前面的章节中，我们已经知道，通过快捷键 Ctrl+Enter 可以在源文件的目录下生成一个 SWF 文件。这样的过程，实际上也是完成了作品的发布。更多的时候，我们需要根据动画的用途来决定发布的方案。例如，如果想让 Flash 在一台没有安装 Flash 播放器的电脑上播放，就需要将其发布成可独立播放的可执行文件，或者将它以视频的形式播放，这就需要发布成相应格式的视频文件；如果想做一个简单的 GIF 动画，就可以发布成 GIF 格式。

在进行 Flash 创作时，就应该考虑到作品的发布形式。如果是发布到网络上，制作过程中就尽量采用矢量动画的方式，使文件量尽量小；如果是打算发布到电视上，制作过程中就不用考虑文件大小，而是要考虑如何使动画效果更绚丽、更吸引眼球，同时还要把 Flash 的舞台大小定义成和电视标准一致（例如 PAL 制的尺寸是 352×288）。在本章中，我们将详细介绍 Flash 作品的发布细节。

对于要发布到网上的作品来说，对作品的测试和优化相当重要。在网络上，即使你的作品非常精美，也没人愿意为了看一个作品而等上几分钟。如果浏览者在作品还没下载完就离开了，这对于我们自己和浏览者来说都是一个遗憾，所以在发布作品前对作品进行测试和优化是非常重要的。

若需要将作品输出后应用于网页，可以在预览测试时，全真模拟网络下载速度，测试是否有延迟现象，找出影响传输速率的原因，以便尽早发现问题和解决问题。还可以通过合理的参数调整，尽量减小文件量，使作品更加适合各种传输条件，提升用户的交互体验。

以前的 Flash 版本测试时可通过模拟下载及带宽设置来对 SWF 文件进行调试和优化，现在，Adobe 推出了更加专业的调试分析软件 Adobe Scout CC，因此 Flash CC 也相应地把测试优化的功能转交给了 Adobe Scout CC。

14.1.1　Flash 作品的测试

Adobe Scout CC 是一款用于 Flash 运行分析与概要分析的工具，可用来分析针对移动设备、桌面或网络设计的应用程序的性能。Adobe Scout CC 设计用于提供从多个系统源聚合的准确数据。它提供的数据足够直观，便于对应用程序的性能进行度量和分析。

Scout CC 针对在计算机上运行的任何 SWF，提供基本的遥测数据。安装 Scout CC 后，Flash CC 可以与其进行集成，利用 Adobe Scout CC 提供的高级遥测功能对 SWF 文件进行分析。

Flash CC启用详细的遥测数据

选择"文件→发布设置"，打开"发布设置"对话框，在高级选项中勾选"启用详细的遥测数据"选项，单击"确定"即可与 Scout CC 进行通信，如图 14-1-1 所示。

图 14-1-1

在Adobe Scout CC中测试Flash

1. 运行 Scout CC，打开状态的 Scout CC 会监听计算机中运行的 SWF，并与之进行通信。这里需要注意，使用 Scout CC 需要 Flash Player 的版本在 11.4 以上。

2. 选择"控制→测试"命令或按快捷键 Ctrl+Enter 测试预览作品，Flash 会自动生成 SWF 文件，并用 Flash Player Plugin 播放器进行播放。

3. Scout CC 监测到 SWF 后会建立通信，开始显示 SWF 的详细信息，如图 14-1-2 所示。

通过 Adobe Scout 对 SWF 详细的数据分析，我们可以很方便地看到 SWF 在某一帧中的资源使用情况，以及该时间点所执行的任务情况，根据这些数据去优化和调整 Flash 的内容，以便使作品播放更加流畅。Scout CC 更详细的使用方法请查看官方网站的产品介绍及使用帮助，这里不再赘述。

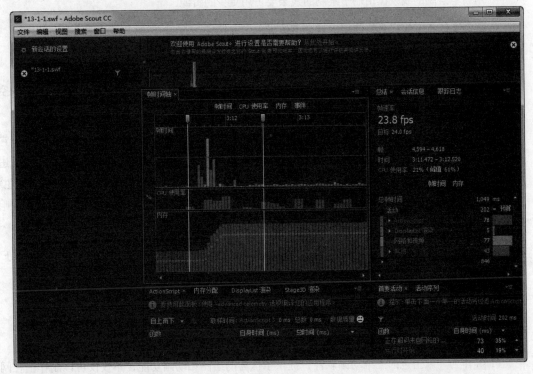

图 14-1-2

14.1.2 Flash 作品的优化

作品测试的最终目的是为了发现作品的不足，进行必要的优化，使作品更完美。通过对作品的测试，可以发现存在问题的一些帧，仔细对这些帧的内容进行分析，然后根据情况对它们进行优化。

当然，实际上在开始制作时，就应当开始考虑优化问题，否则在作品完成后，可能会发现一系列问题，甚至会导致全面返工。对 Flash 作品进行优化，可以从以下几个方面进行。

· 对于会重复使用的对象，一定要把它转换为元件。

· 尽量使用影片剪辑，因为影片剪辑比帧动画的大小更小一些。

· 尽量减少位图的使用，在需要使用位图的时候，可以考虑把位图转换为矢量图，然后通过色彩简化的方式，用最少的色彩和线条来表现这个位图。当然，这需要拥有一定的美术基础才会做得比较出色。

· 即使使用矢量图，也尽量减少矢量图的复杂程度，用尽可能简洁的线条和填充来表现。

· 尽量使用补间动画，避免使用逐帧动画，因为使用关键帧和补间动画对文件量的增加不大。

· 减少使用特殊线条类型，如虚线、点划线等，事实上，实线比这些线条占用的资源少得多。

· 用铅笔绘制的线条比用刷子绘制的线条要占用更少的资源。

· 限制字体和字体样式的使用，减少字体导入。

· 减少渐变色的使用，使用渐变色填色大约需要 50 个字节，比直接填充色块要大得多。

· 在声音的使用中，最好将音频压缩设置为 MP3 格式，一般在相同的质量下，MP3 占用的空间更少。并尽可能将立体声合并为单声道。

另外，还需要考虑影帧分布的合理性。Flash 能够处理矢量图与位图，使用矢量图的好处在于它不会随图形大小改变而改变自身大小，因此它在 Flash 中的使用比位图更为普遍。但矢量图在屏幕上进行显示前，需要 CPU 对其进行计算。如果在某一帧里有多个矢量图，同时它们还有自己的变化，如色彩、透明度等的变化，CPU 会因为同时处理大量的数据信息而忙不过来，动画看起来就会有延迟，影响播放效果。因此在同一帧内，尽量不要让多个矢量同时发生变化，它们的变化动作可以分开来安排。

当然，这仅仅是一些优化原则，实际上在 Flash 的创作中，还有许多的优化技巧，这需要用户在长期的实践过程中不断摸索总结。根据自己的创作特点总结出来的优化技巧才是最有效的。

14.2　Flash 作品的导出

Flash 作为一款出色的二维动画软件，提供了优秀的绘图和动画功能，不仅仅可以制作出在网络播放的 SWF 文件，还可以输出为其他格式的文件，供作品的再次加工。例如，如果制作一个影视片头，需要用到人物动画和视频特效，人物动画可以在 Flash 里制作完成，但是视频特效可以用更专业的软件完成，例如 Premiere 或 After Effects。可以把 Flash 里完成的动画放到这些专业视频软件中继续处理，这就要求制作完 Flash 动画后，用标准的视频文件格式发布出来，例如 MOV 格式，这样就可以在其他视频软件中做深入加工了。

　　在 Flash 软件的"文件"菜单下,有"导出"和"发布"两个命令,实际应用效果差不多,一般情况下,"导出"用来把作品生成为特定格式,以供其他软件使用;而"发布"一般就是最终发布的文件格式,主要是静帧、动画和可执行文件。接下来学习 Flash 作品导出的各种设置。

14.2.1　SWF 动画的输出

　　SWF 文件格式是 Flash 动画的标准格式,在导出和发布时都有这个选项,而且设置完全一样,所以如果作品是作为 SWF 文件发布的,用导出和发布命令均可以。

　　SWF 格式的特点是文件量压缩得极小,十分适用于网络下载,而且绝大多数浏览器都安装有 Flash Player 插件,完全支持 Flash 动画及其完整的交互功能。

　　输出成 *.SWF 动画的方法是,选择"文件→导出→导出影片"命令,打开"导出影片"对话框,如图 14-2-1 所示。

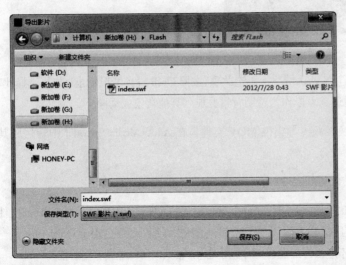

图 14-2-1

　　在对话框中输入文件名,选择"Flash 影片(*.swf)"格式,在"文件名"一栏中输入文件名,然后单击"保存"按钮。

14.2.2　导出视频

　　Flash CC 重新设计了导出视频的流程,深度整合了 Adobe Media Encoder。Flash CC 只能导出 MOV 一种视频格式,因为 Adobe Media Encoder 可以把 MOV 格式的视频转换成各种视频格式。

　　QuickTime 是 Apple 公司制定的标准视频文件格式,也普遍应用在各种媒体上,其后缀为 *.mov。但若要播放 QuickTime 文件,系统必须有 QuickTime Player 的支持。

QuickTime 文件能够保留动画的声音以及大多数的交互功能，文件大小也不是太大。可以说，除了 SWF 格式文件之外，最适合并且能全面展现 Flash 动画功能的就是 QuickTime 了。

同样选择导出影片命令，在"导出影片"对话框中选择输出动画为 QuickTime（*.mov）格式，输出前在弹出对话框中设置文件属性，如图 14-2-2 所示。

呈现宽度：设置输出后 QuickTime 影片的宽度。

呈现高度：设置输出后 QuickTime 影片的高度。

图 14-2-2

忽略舞台颜色(生成 Alpha 通道)：默认情况下不选此项，按照 Flash 舞台情况输出。如果选择此项，则作品输出后，背景变为 Alpha 通道，可以作为透明背景叠加到其他背景或动画上。

在 AdobeMedia Encoder 中转换视频：导出的 MOV 文件，在 AdobeMedia Encoder 中转化成其他格式视频。

停止导出：设置导出作品的结束时间。

这些基本选项可以保证 Flash 文件保真地导出为 QuickTime 格式的文件。如果需要对 QuickTime 文件进行更详细的设置，可以单击左下方的"QuickTime 设置"按钮，进行更详细的设置。由于 QuickTime 是一种特殊的视频格式，这里对设置细节不进行详细讲解，需要用到这种格式时可以翻阅专门的相关资料。

14.2.3　GIF 动画的输出

GIF 动画格式是多个连续 GIF 图片所构成的动画文件，它是普遍运用在网络上的动画文件格式，所有的浏览器都支持 GIF 动画文件。

选择"文件→导出→导出影片"命令，在弹出的导出影片对话框中选择 GIF 动画（*.gif）格式，输入文件名，单击"保存"按钮，在弹出对话框中设置文件属性，如图 14-2-3 所示。

宽和高：设置作品输出的尺寸。输入尺寸数值后，分辨率数值也会相应变化。

分辨率：作品输出分辨率。

颜色：选择需要输出作品的颜色数目。

图 14-2-3

交错：作品在下载过程中以交错方式显示。

透明：设置作品的背景是否透明。

平滑：设置作品是否进行抗锯齿处理。

抖动纯色：对作品的色块进行处理，防止出现不均匀的色带。

14.2.4　生成 Sprite 表

Sprite 表是一个图形图像文件，该文件包含选定元件中使用的所有图形元素，在文件中会以平铺方式安排这些元素。例如游戏中人物的各种动作和姿态，以平铺的方式统一放在一个图形文件中，Sprite 表广泛应用于游戏开发。Flash CC 可以将 Flash 中创建的动画对象转化成供游戏开发调用的 Sprite 表单，我们可以通过选择库中或舞台上的对象，单击右键，在弹出菜单中选择"生成 Sprite 表"，弹出生成 Sprite 表的设置窗口，如图 14-2-4 所示。

左侧元件信息栏，显示已选择的元件列表，及每个元件的帧数、帧速率和持续时间。

右侧上部是 Sprite 表及元件动画预览框，显示输出文件的大小。

右侧下部是 Sprite 表输出设置。

图像尺寸：指定 Sprite 表的尺寸，Stage3D 支持的最大尺寸是 2048×2048。

图像格式：指定 Sprite 表的图像格式，下拉菜单中有 PNG8 位、PNG24 位、PNG32 位和 JPEG 格式。

背景颜色：指定生成的 Sprite 表的背景色。

算法：指定应用帧的打包算法，包括"基本"和"MaxRects"两个值。"基本"用来设置最简单的动画，"MaxRects" 使导出的 Sprite 各图像更紧密地排列在一起。

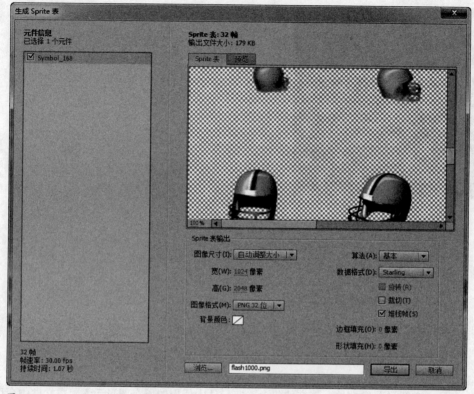

图 14-2-4

数据格式：指定生成的 Sprite 表的数据格式，当生成 Sprite 表时会自动生成一个指定数据格式的数据文件，数据格式用来描述各个图形的大小和位置。

施转和裁切：旋转或裁切帧以优化文件大小。

堆栈帧：检测和排除输出中的重复帧。

边框填充：设置输出图像的边框。

开关填充：填充每个帧的边框。

浏览：指定 Sprite 表生成的位置。

设置完毕，单击"导出"按钮，在生成目的文件夹中会生成两个文件，一个 Sprite 表图片，一个数据文件。

14.3 作品的发布

由于设备和平台的多样化，平板电脑和智能手机的发展，Flash 与时俱进，Flash 不仅仅只是制作动画的软件，更是一款能创建满足多种需求的跨平台软件。它可以创建适合网页播放的动画内容，还可以创建适合 iPhone、iPad 或其他移动设备和桌面系统使用的应用程序。Flash 强大的跨平台特性，使得我们仅需创建一次内容便可随处部署。

测试完成的动画作品，确定没有问题后，就可以通过系统发布了。默认情况下，"发布"命令会创建一个 SWF 文件和一个 HTML 文档。该 HTML 文档会将 Flash 内容插入到浏览器窗口中。

由于浏览器市场产品的多样式，并未形成非常统一的标准，因此发布网页 Flash 需要考虑各方面的兼容问题。最重要的一点是要注意到 Flash 动画在浏览器上播放必须有 Flash Player 播放程序的支持。如果浏览者的系统上没有安装该播放器，那就无法看到 Flash 内容，因此发布的网页需要加入测试浏览者是否有 Flash Player 的 Script 程序，以及提供对方下载安装的 Flash Player 源程序，或是准备好用来替代动画所需的图形文件。

本来完成这些工作需要对 HTML 和 JavaScript 非常熟悉才可以进行，不过 Flash 已经替我们想到了，从输出 SWF 动画、输出需要的图形文件、加入 HTML 标签、加入 Script 探测程序，到建立 HTML 网页文件，Flash 都会全权负责，完成整个系列的设置。

我们可以选择菜单命令"文件→发布设置"，打开发布设置对话框，也可以在舞台右侧的属性面板中直接单击"发布设置"按钮来打开发布设置对话框，如图 14-3-1 所示。

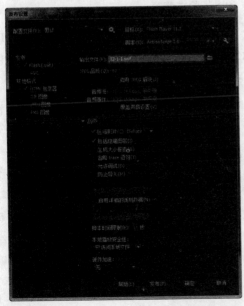

图 14-3-1

14.3.1　发布 Flash 文件格式

发布设置默认发布成 SWF 和 HTML，点击左侧发布格式列表可以看到针对各种格式的设置。我们选择"Flash（.swf）"项，查看发布成 SWF 文件格式的设置，如图 14-3-1 所示。

1．配置文件：选择发布格式的配置方案可从右侧的齿轮按钮中创建新的配置方案或导入导出已存在的配置方案。

2．目标：选择发布的目标平台，包括目标平台 Flash Player 播放器的版本等。

3．脚本：从"脚本"弹出菜单中设置 ActionScript 版本。Flash CC 只支持 ActionScript3.0。

4．JPEG 品质：控制位图压缩程度，图像品质越低，生成的文件就越小；图像品质越高，生成的文件就越大。若要使高度压缩的 JPEG 图像显得更加平滑，勾选"启用 JPEG 解块"。

5．音频流和音频事件：设置 SWF 文件中的所有声音流或事件声音的采样率和压缩，单击"音频流"或"音频事件"旁边的值，然后根据需要选择相应的选项。

6．覆盖声音设置：选择这个选项可以让我们强制影片中的所有声音都使用这里的设置，而不是使用它们自己的压缩设置。

7．导出设备声音：导出适合于移动设备的声音而不是原始库声音。

高级设置

压缩影片：（默认选中）压缩 SWF 文件以减小文件大小和缩短下载时间，有以下两种压缩模式。

· Deflate — 这是旧压缩模式，与 Flash Player 6.x 和更高版本兼容。

· LZMA —这是在 Flash CS6 中新增的压缩模式，此模式效率比 Deflate 模式高 40%，只与 Flash Player 11.x 及更高版本或 AIR 3.x 和更高版本兼容。LZMA 压缩对于包含很多 ActionScript 或矢量图形的 FLA 文件非常有用。如果在"发布设置"中选择了 SWC，则只有 Deflate 压缩模式可用。

包括隐藏图层：（默认）导出 Flash 文档中所有隐藏的图层。取消选择"导出隐藏的图层"将不导出文档中标记为隐藏的图层。

包括 XMP 元数据：默认情况下，将在"文件信息"对话框中导出输入的所有元数据。

生成大小报告：生成一个报告，按文件列出最终 Flash 内容中的数据量。

省略 trace 语句：使 Flash 忽略当前 SWF 文件中的 ActionScript trace 语句。如果选择此选项，trace 语句的信息将不会显示在"输出"面板中。

允许调试：激活调试器并允许远程调试 SWF 文件。可让使用密码来保护 SWF 文件。

防止导入：防止其他人导入 SWF 文件并将其转换回 FLA 文档。我们可以设置密码来保护 Flash 文件。

密码：如果选择了"允许调试"或"防止导入"，则需要在"密码"文本字段中输入密码。如果添加了密码，则其他用户必须输入该密码才能调试或导入 SWF 文件。

启用详细的遥测数据：Flash CC 与 Adobe Scout CC 进行集成的选项。

密码：提供密码来保护对您的应用程序的详细遥测数据的访问。

脚本时间限制：设置脚本在 SWF 文件中执行时可占用的最大时间量，如果脚本执行时间超过这个值，Flash Player 将取消执行。

本地播放安全性：设置 Flash 安全模型。指定是授予已发布的 SWF 文件本地安全性访问权，还是网络安全性访问权。"只访问本地文件"允许已发布的 SWF 文件与本地系统上的文件和资源交互，但不能与网络上的文件和资源交互。"只访问网络文件"允许已发布的 SWF 文件与网络上的文件和资源交互，但不能与本地系统上的文件和资源交互。

硬件加速：设置 SWF 文件使用硬件加速的方案。"第 1 级 - 直接"，通过允许 Flash Player 在屏幕上直接绘制，而不是让浏览器进行绘制，从而改善播放性能。"第 2 级 - GPU"，在"GPU"模式中，Flash Player 利用图显卡的可用计算能力执行视频播放并对图层化图形进行复合。根据用户的图形硬件的不同，这将提供更高一级的性能优势。如果预计用户拥有高端显卡，则可以使用此选项。

在发布 SWF 文件时，嵌入该文件的 HTML 文件包含一个 wmode HTML 参数。选择级别 1 或级别 2 硬件加速，会将 wmode HTML 参数分别设置为"direct"或"gpu"。打开硬件加速会覆盖"发布设置"对话框的"HTML"选项卡中选择的"窗口模式"设置，因为该设置也存储在 HTML 文件中的 wmode 参数中。

14.3.2　发布 HTML 文件格式

HTML 文件中包含了设定播放网页中动画所需的 HTML 代码，包括动画文件在网页中的位置、尺寸、是否循环播放和动画文件质量等设置。点击发布列表中的"HTML 包装器"，如图 14-3-2 所示。下面对主要选项进行介绍。

"模板"提供了多种网页模板，可以依据需要选择适当的模板来发布网页。按下"信息"按钮可以显示该模板的简单介绍，以及需配合其输出的文件格式等信息。在选择模板后，最好打开此信息框，查看此模板需要的文件格式，以免发布时遗漏必需的文件，如图 14-3-3 所示。

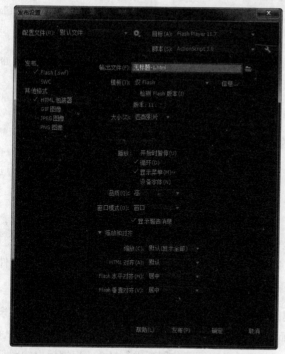

图 14-3-2

图 14-3-3

"检测 Flash 版本"将文档配置为检测用户所拥有的 Flash Player 的版本，并在用户没有指定的播放器时向用户发送替代 HTML 页面。替代 HTML 页面包含最新版本的 Flash Player 的下载链接。

一般情况下，使用默认的"仅 Flash"选项即可。一些为特殊目的而发布的 Flash，例如想把这个 Flash 发布到 PDA 上，可以选择"用于 Pocket PC 2003 的 Flash"选项，这样就可以针对 PDA 的特性来发布这个 Flash。还有其他特点的 Flash 发布，由于接触到的机会比较少，这里不做详细介绍。

1. 大小：设置动画文件的尺寸

匹配影片：与动画制作中的场景尺寸相同，选此项的好处是不会看到工作区以外的内容，一般情况选择这项设置。

像素：以像素为单位设置动画大小。

百分比：按浏览器视窗大小的百分比设置。选择此项后，动画外框会随着视窗的缩放而改变尺寸。如果宽和高都设置成 100%，那么可以设置 Flash 填满浏览器窗口，制作全屏的 Flash。

2. 播放：选择播放属性

开始时暂停：在 Flash 开始播放时，不自动播放文件，需要手动选择播放才开始播放。在默认情况下，不选择此项。

显示菜单：选定此项时，在动画里单击鼠标右键，可以显示出完整菜单；否则菜单只有"关于 Flash"一项。

循环：选择此项，一直循环播放动画。

设备字体：当浏览者系统没有动画中使用的字体时，会用反锯齿的 Ture Type 字体来代替。

3. 品质：设置Flash动画文件的播放质量

低：不启用抗锯齿功能，动画显示的质量最差。

自动降低：自动设定是否打开抗锯齿功能。先关闭抗锯齿功能，若动画文件的下载速率超过播放速率时启用。

自动升高：先打开抗锯齿功能，若动画文件的下载速率无法达到播放速率时自动关闭。

中：不对作品设置任何质量选择，完全符合原动画的设定。

高：一直打开抗锯齿功能。对于含点阵图内容的动画，点阵图显示低质量；而对于单独点阵图，显示高质量。

最佳：在高的基础上，对于点阵图动画也显示出高质量。

4. 窗口模式：运用IE 4.0以上版本浏览器所支持的绝对定位、分层显示和透明电影功能，设置动画在浏览器中的透明度

该选项控制 object 和 embed 标记中的 HTML wmode 属性。

Windows：动画按正常状态播放。

不透明无窗口：按完全不透明方式播放。

透明无窗口：按完全透明方式播放。

直接：使用 Stage3D 渲染方法，该方法会尽可能使用 GPU。当使用直接模式时，在 HTML 页面中，无法将其他非 SWF 图形放置在 SWF 文件的上面。在使用 Starling 框架时需要直接模式。

5. **缩放：设置当播放区域与作品播放尺寸不同时画面的调整方式**

默认：按照最小比例完全显示。

无边框：按照最大比例完全显示，并清除小比例尺寸部分的多余界面。

精确匹配：按照作品的指定长宽尺寸，使发布的作品完全显示。

无缩放：这个选项将禁止文档在调整 Flash Player 窗口大小时进行缩放。

6. **HTML对齐：设置文件在浏览器中播放时的对齐方式及区域**

默认：以默认的方式在浏览器中显示，实际是左对齐。如果有竖向排列时，对齐到中间。

左对齐：对齐浏览器左边。

右对齐：对齐浏览器右边。

顶部：如果有竖向排列时，对齐顶部。

底部：如果有竖向排列时，对齐底部。

7. **Flash对齐：通过水平和垂直方向的设置，限定文件播放的对齐方式**

显示警告信息：选择这个选项，可以在标记设置发生冲突时显示错误信息。

14.4 导出为 HTML5 内容

HTML5 是新一代的 HTML 标准，它强化了 Web 的表现性能，追加本地数据库等 Web 应用功能，几乎所有的主流浏览器都已经支持 HTML5 技术。Flash CC 还将 Toolkit for CreateJS 工具整合为一个面板，方便我们进行操作。

Toolkit for CreateJS 让设计人员和动画制作人员可以使用开源 CreateJS JavaScript 库来创建 HTML5 项目的内容。单击一下鼠标，Toolkit for CreateJS 便可将内容导出为可以在浏览器中预览的 JavaScript，支持 Flash 的大多数核心动画和插图功能，包括矢量、位图、补间、声音、按钮和 JavaScript 时间轴脚本。我们可以利用 Flash 设计出能够在任何兼容 HTML5 的移动设备或桌面浏览器中运行得极富表现力的内容。

Toolkit for CreateJS 功能并不是让我们打开 Flash 文档，一键发布成 HTML5 内容，而是让我们的工作流程更轻松，使用原有的 Flash 技术创造新的内容。即使不学习 HTML5，也能做出专业的内容。

打开 Flash CC，新建 Flash 文档，选择 "窗口→ Toolkit for CreateJS" 打开面板，如图 14-4-1 所示。

图 14-4-1

Toolkit for CreateJS 发布面板包含时间轴设置和导出设置，在时间轴设置中勾选"Loop"，导出的 HTML 内容将重复播放。点击"Edit Settings"按钮导出 HTML5 的目标路径。"Images"、"Sounds"和"JS libs"设置用于导出图片、声音、JS 库的目录名称，默认勾选。如果 Flash 中有导入图片或声音等资源，便会自动导出。如果未勾选，则不导出这些资源，如图 14-4-2 所示。

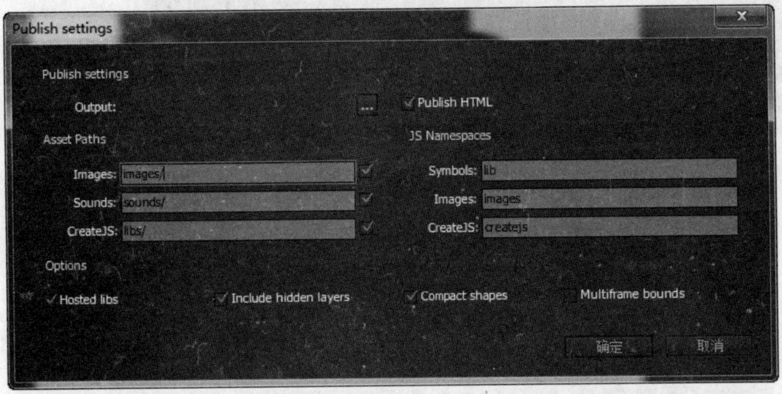

图 14-4-2

利用 Toolkit for CreateJS 导出 HTML5 内容

下面我们通过制作 Flash 实例来了解一下 Toolkit for CreateJS 的工作原理。

1．新建 Flash 文档，把"图层 1"命名为"背景"，导入一张背景图片。

2．新建一层名为"飞机"的图层，使用绘图工具绘制一架飞机，调整第 1 帧的位置，在第 30 帧按 F6 键插入关键帧，缩小飞机的大小，把飞机拖到离太阳较近的地方，右键单击"飞机"图层的任一普通帧，创建传统补间。

3．新建一个名为"声音"的图层，导入一段 MP3 格式的背景音乐，如图 14-4-3 所示。按 Ctrl+Ener 键测试影片，我们会看到飞机飞向太阳的传统补间动画。

图 14-4-3

　　4. 打开 Toolkit for CreateJS 面板，设置导出目录，勾选"Preview"，点击"Publish"按钮，发布成 HTML5。发布完成后，会自动跳转到浏览器预览导出的 HTML5 内容，如图 14-4-4 所示。

图 14-4-4

在导出的目录中我们可以看到如下文件，如图 14-4-5 所示。

图 14-4-5

images 目录导出了我们导入到 Flash 的背景图片，sounds 文件夹存储背景音乐，libs 存放了 CreateJS 的 Javascript 文件。根目录中有两个文件，一个是 html 文件，一个是与 html 文件同名的 js 文件。我们可以随时通过 Dreamweaver 等网页编辑软件修改 js 和 html 文件从而调整动画，而不需要用 Flash 重新编译。

ActionScript 3.0 基础知识 15

学习要点

- · 了解面向对象的基本概念
- · 了解添加代码的位置
- · 了解变量和常量
- · 了解函数
- · 了解类和包
- · 了解语句的使用方法

15.1 ActionScript 3.0 介绍

ActionScript 脚本语言是 Flash 的编程语言，用来控制 Flash 影片中对象的行为和开发跨平台应用程序。从 Flash 5 的 ActionScript 1.0 开始，几乎 Flash 每次版本升级都会带来 ActionScript 的升级。Flash 6 增加了几个内置函数，允许通过程序更灵活地控制动画元素。Flash 7 中引入了 ActionScript2.0，支持基于类的编程，比如继承、接口和严格的数据类型。Flash 8 进一步增加了 ActionScript2.0，添加了新的类库以及用于运行时控制位置数据和文件上传的 API。到了 Flash 9，ActionScript 正式升级为面向对象的编程语言 ActionScript3.0。

随着 Flash 在网络上的迅速普及，设备和平台的多样化，ActionScript 3.0 不断升级，现已经演变成一门强大的编程语言。我们可以通过 Flash、Flash Builder 软件开发基于 ActionScript 3.0 的网络应用程序、桌面应用程序和适合在 iOS 和 Android 系统上运行的移动设备应用程序。

ActionScript 3.0 包含 ActionScript 编程人员所熟悉的许多类和功能，在架构和概念上区别于早期的 ActionScript 版本，共改进部分包括新增的核心语言功能，以及能够更好地控制低级对象的 Flash Player API。

1. 核心语言功能

核心语言定义编程语言的基本构造块，例如语句、表达式、条件、循环和类型。ActionScript 3.0 包含许多加速开发过程的新功能。

2. 运行时异常

ActionScript 3.0 报告的错误情形，比早期的 ActionScript 版本多。"运行时异常"用于常见的错误情形，可改善调试体验并使您能够开发出可以可靠地处理错误的应用程序。"运行时错误"可提供带有源文件和行号信息注释的堆栈跟踪，用以快速定位错误。

3. 运行时类型

在 ActionScript 2.0 中，类型注释主要是为开发人员提供帮助；在运行时，所有值的类型都是动态指定的。在 ActionScript 3.0 中，类型信息在运行时保留，并可用于多种目的。Flash Player 10 执行运行时类型检查，增强了系统的类型安全性。类型信息还可用于以本机形式表示变量，从而提高了性能并减少了内存使用量。

4. 密封类

ActionScript 3.0 引入了密封类的概念。密封类只能拥有在编译时定义的固定的一组属性和方法，不能添加其他属性和方法，这使得编译时的检查更为严格和可靠。由于不要求每个对象实例都有一个内部哈希表，因此还提高了内存的使用率。默认情况下，ActionScript 3.0 中的所有类都是密封的，但可以使用 dynamic 关键字将其声明为动态类。

5. 闭包方法

ActionScript 3.0 使闭包方法可以自动记起它的原始对象实例，此功能对于事件处理非常有用。在 ActionScript 2.0 中，闭包方法不能记起它是从哪个对象实例提取的，所以在调用闭包方法时将导致意外行为。

6. ECMAScript for XML（E4X）

ActionScript 3.0 实现了 ECMAScript for XML（E4X），后者最近被标准化为 ECMA-357。E4X 提供一组用于操作 XML 的自然流畅的语言构造。与传统的 XML 分析 API 不同，使用 E4X 的 XML 就像该语言的本机数据类型一样执行。E4X 通过大大减少所需代码来简化操作 XML 的应用程序的开发。

7. 正则表达式

ActionScript 3.0 实现了对正则表达式的支持，使我们可以快速搜索字符串并进行操作。

8. 命名空间

命名空间与用于控制声明（public、private、protected）的可见性的传统访问说明符类似。命名空间使用统一资源标识符（URI）以避免冲突，而且 E4X 还能用于表示 XML 命名空间。

9. 新基元类型

ActionScript 2.0 拥有单一数值类型 Number，它是一种双精度浮点数。ActionScript 3.0 包含 int 和 uint 类型。int 类型是一个带符号的 32 位整数，它使 ActionScript 代码可充分利用 CPU 的快速处理整数数学运算的能力。int 类型对使用整数的循环计数器和变量都非常有用。uint 类型是无符号的 32 位整数类型，可用于 RGB 颜色值、字节计数和其他方面。

10. API 功能

ActionScript 3.0 中的 API 包含许多可用于在低级别控制对象的类。语言体系结构的设计比早期版本更为直观。虽然有太多的类需要详细介绍，但是一些重要的区别更值得注意。

11. DOM3 事件模型

文档对象模型级别 3 事件模型（DOM3）提供了一种生成和处理事件消息的标准方式。这种事件模型的设计允许应用程序中的对象进行交互和通信、维持其状态以及响应更改。ActionScript 3.0 事件模型的模式遵守万维网联合会 DOM 级别 3 事件规范。这种模型提供的机制比早期版本的 ActionScript 中提供的时间系统更清楚、更有效。

12. 显示列表 API

用于访问显示列表（包含应用程序中所有可视元素的树）的 API 由使用可视基元的类组成。

13. 处理动态数据和内容

ActionScript 3.0 包含用于加载和处理应用程序中的资源和数据的机制，这些机制在 API 中是直观并且一致的。Loader 类提供了一种加载 SWF 文件和图像资源的单一机制，并提供了一种访问已加载内容的详细信息的方式。URLLoader 类提供了一种单独的机制，用于在数据驱动的应用程序中加载文本和二进制数据。Socket 类提供了一种以任意格式从 / 向服务器套接字中读取 / 写入二进制数据的方式。

14. 低级数据访问

多种 API 都提供对数据的低级访问。对于正在下载的数据而言，可使用 URLStream 类在下载数据的同时访问原始二进制数据。使用 ByteArray 类可优化二进制数据的读取、写入以及使用。使用 Sound API，可以通过 SoundChannel 类和 SoundMixer 类对声音进行精确控制。安全性 API 提供有关 SWF 文件或加载内容的安全权限的信息，能够更好地处理安全错误。

15. 使用文本

ActionScript 3.0 包含一个用于所有与文本相关的 API 的 flash.text 包。TextLineMetrics 类为文本字段中的一行文本提供精确度量，该类取代了 ActionScript 2.0 中的 TextFormat.getTextExtent() 方法。TextField 类包含可以提供有关文本字段中一行文本或单个字符的特定信息的低级别方法。

ActionScript 是针对 Flash Player 运行时和 AIR 运行时的编程语言，它在 Flash 内容和应用程序中实现了交互性、数据处理以及其他许多功能。ActionScript 是由 Flash Player 中的 ActionScript 虚拟机来执行的，简称 AVM。ActionScript 代码通常被编译器编译成"字节码格式"，该格式是一种由计算机编写且能够被计算机所理解的编程语言。字节码嵌入 SWF 文件中，SWF 文件由运行时 Flash Player 执行。在这一章中，就将对 ActionScript 及其编辑器的基本概念和使用进行初步的介绍。

15.1.1　与早期版本的兼容性

Flash Player 升级是完全向后兼容性的。在高版本 Flash Player 中，可以运行在早期 Flash Player 版本中运行的任何内容。Flash Player 提供了两个虚拟机：AVM1 虚拟机运行 ActionScript1.0 和 ActionScript2.0 的内容；AVM2 虚拟机专门运行 ActionScript3.0 的内容。由于虚拟机的不同，在制作 Flash 的时候要考虑到 ActionScript 各版本的兼容问题，兼容性问题包括以下几个方面。

1．对于单个 SWF 文件，无法将 ActionScript 1.0 或 2.0 代码和 ActionScript 3.0 代码组合在一起。简而言之，一个 SWF 文件只能选择三者之一作为脚本语言。

2．ActionScript 3.0 代码可以加载以 ActionScript 1.0 或 ActionScript 2.0 编写的 SWF 文件，ActionScript3.0 可以通过 local connection 类与 ActionScript1.0 和 ActionScript2.0 进行通信。

3．以 ActionScript 1.0 或 2.0 编写的 SWF 文件无法加载以 ActionScript 3.0 编写的 SWF 文件。通常，如果以 ActionScript 1.0 或 2.0 编写的 SWF 文件要与以 ActionScript 3.0 编写的 SWF 文件一起工作，则必须进行迁移。

15.1.2　ActionScript 编辑器的使用

脚本编辑器也就是"动作"面板，用来编写和管理 ActionScript 程序，可以直接按 F9 键调出它，也可以使用"窗口→动作"打开。

Flash CC 不再支持 ActionScript2.0 以下的脚本语言，弃用了的脚本助手模式，重新设计了"动作"面板，增强了动作面板的功能，比如代码提示等，让用户可以更专注地编写 ActionScript3.0 脚本。新"动作"面板分为两个区域，分别是"脚本导航器"和"脚本编写区"，如图 15-1-1 所示。

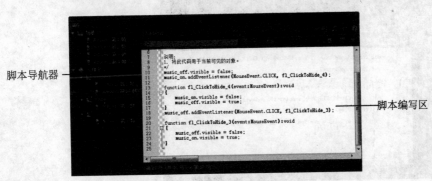

图 15-1-1

脚本导航器：它用来显示包含脚本的 Flash 元素列表，如帧和影片剪辑等。单击脚本导航器中的某一项目，可以在 Flash 文档中的各脚本之间快速移动和跳转。右侧的"脚本编写区"会显示选择项目所对应的脚本。

脚本编写区：它是一个全新的脚本编辑器，只支持 ActionScript3.0。编辑器中还包含很多简化程序编写的辅助功能，比如代码提示、查找替换功能等。

在"脚本编写区"的上面有一行工具栏，该工具栏主要用来辅助脚本的编写。善于使用此工具栏，将有助于简化在 Flash 中的编程工作。

工具栏的第一个按钮是"插入目标路径"按钮，它提供文档中所有已命名的对象列表，列表中的对象能够根据"父子"关系的结构进行排列，指出对象在文档中的相对或绝对位置。它的作用主要是方便程序控制文档中的对象，减少手工输入路径的麻烦，如图 15-1-2 所示。

图 15-1-2

第二个按钮是"查找和替换"按钮，主要用来在已编写的代码中查找和替换指定的文本或字符，它的功能和用法与一般文本编辑器中的"查找和替换"是类似的，如图 15-1-3 所示。

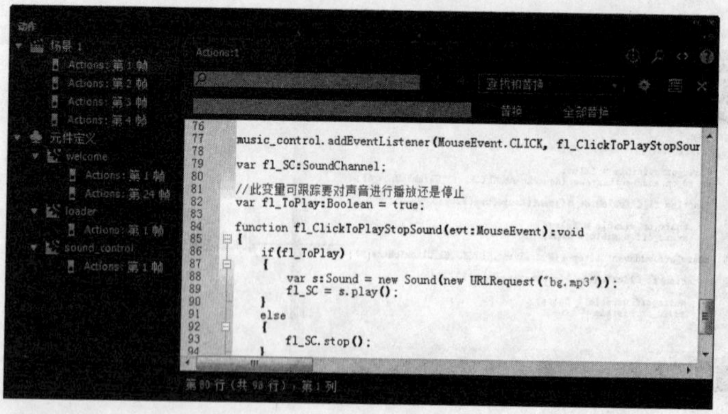

图 15-1-3

第三个按钮"代码片断"按扭，用于打开"代码片断"面板，快速应用代码片断。添加代码片断会自动显示在动作面板中。代码片断的使用在上一章已详细说明，这里不再赘述。

最后一个按钮是"帮助"按钮，点击可以直接进入官方交流网站寻找更多帮助内容。

1. ActionScript编辑器参数设置

选择菜单"编辑→首选参数→代码编辑器",进入 ActionScript 编辑器参数设置对话框,如图 15-1-4 所示。Flash CC 对代码编辑器的设置信息重新进行了归类,我们了解一下常用的选项。

图 15-1-4

显示项目:设置代码的字体风格、字号大小以及各功能代码的颜色。默认情况下,蓝色代表关键字和预设标识符(如 play、stop 和 function 等),绿色代表字符串,灰色代表注释,等等。

自动结尾括号:当书写函数时,需要用到大括号,键入"{"然后按 Enter 键,Flash 会自动填补右大括号,保持函数结构完整性,避免代码量大时忘记输入右大括号闭合函数而引起的错误。

自动缩进:主要用来设置代码的格式,在"("或"}"之后键入的代码将按照该选项中的"制表符大小"自动缩进。制表符大小用来确定缩进的偏移量。

代码提示:如果此功能被关闭,在编写脚本过程中将无法出现代码提示。延迟功能用来确定代码提示显示出现的速度。

其他选项还包括代码文本的编码方式以及重新加载修改的文件是否提示等设置。

2. 编辑器错误面板辅助排错

当使用"语法检查"功能时,检测到的错误信息会显示在"编辑器错误"窗口中。在大多数情况下,无需刻意调出该窗口，因为出错的时候它自然会出现。该窗口中的错误提示很详细，包括出错的场景、图层和代码行，如图 15-1-5 所示。

图 15-1-5

ActionScript 3.0 是一门严谨的面向对象的编程语言，真正深入学习需要更多精力。下面将介绍一些必要的 ActionScript 基本概念，为进一步学习打下基础。

15.2 面向对象编程

1. 对象

对象具体是指人们研究的任何事物，从最简单的整数到复杂的飞机等，均可看作对象。它不仅能表示具体的事物，还能表示抽象的规则和计划。

2. 对象的状态和行为

对象具有状态，对象的状态用数据值来描述。对象还有操作，用于改变对象的状态。对象及其操作就是对象的行为。对象实现了数据和操作的结合，使数据和操作封装于对象体内。

3. 类

类是具有相同或相似性质的对象的抽象表现形式，因此，对象的抽象是类，类的具体化就是对象，也可以说类的实例是对象。类具有属性，它是对象的状态的抽象，用数据结构来描述类的属性。类具有操作，它是对象的行为的抽象，用操作名和实现该操作的方法来描述。

4. 类的结构

在客观世界中有若干类，这些类之间会存在着一定的结构关系。通常有两种主要的结构关系，即一般—具体结构关系，以及整体—部分结构关系。

5. 消息和方法

对象之间进行通信的结构叫做消息。在对象的操作中，当一个消息发送给某个对象时，消息包含接收对象去执行某种操作的信息。发送一条消息至少要包括接受消息的对象名、发送给该对象的消息名（即对象名、方法名）。一般还要对参数加以说明，参数可以是认识该消息的对象所知道的变量名，或者是所有对象皆知的全局变量名。

15.3　添加 ActionScript 代码的位置

早期版本的 Flash 中，ActionScript1.0 和 ActionScript2.0 代码可以直接添加到影片剪辑、按钮、帧和 as 文件中，ActionScript 3.0 发生了重大改变，代码只能写在帧和 as 类文件中。虽然 ActionScript3.0 支持把代码写在帧上，但在实际开发过程中，如果把代码写在帧上会导致代码难以管理，用类文件来组织代码会更合适，这样可以使设计与开发分离，利于协同工作。

ActionScript3.0 引入了 Document Class 文档类的概念。一个文档类就是一个继承自 Sprite 或 MovieClip 的类，并作为 SWF 的主类。读取 SWF 时，这个文档类的构造函数会被自动调用，它就成为了程序的入口，任何想要做的事都可以写在上面，比如创建影片剪辑、画图、读取资源，等等。如果在 Flash 中写代码，可使用文档类，也可以选择继续在时间轴上写代码。

新建 ActionScript3.0 类型的 Flash 文档，点击属性面板中"类"右侧的编辑类定义按钮，即可新建一个文档类，如图 15-3-1 所示。

图 15-3-1

在弹出的"创建 ActionScript3.0 类"对话框中选择新建类的程序,在"类名称"中给文档类取个类名,选择"确定"按钮,Flash 会自动创建一个未保存的 as 文件,并自动生成类的框架代码,代码结构如下:

```
package {
    import flash.display.MovieClip;
    public class Main extends MovieClip {
        public function Main() {
            // constructor code
        }
    }
}
```

Packages（包）是用来组织一群相关联的类文件的。在 ActionScript 2.0，包是用来判断类文件的路径的。在 ActionScript 3.0 中必须指定包，例如，我们有个 utility 类包，放在包目录 com/as3cb 文件夹中，要这样声明：

package.com.as3cb.utils{ }

如果你不指明包名，那么该类就输入最顶层的默认包。

接下来，加入 import 语句，引入一个类就相当于在当前的代码文件中创建了使用该类的快捷方式，这样我们就不需要输入全路径来使用它了。例如，你可以使用下面的 import 语句：

import flash.display.MovieClip;

这样我们就可以直接引用 MovieClip 这个类了。从 flash.display 引入 MovieClip 类是因为默认的类文件继承了 MovieClip 类。接下来就看到了我们的主类 Main。注意，在 class 关键字前有个关键字 public，表明该类是共有的。最后有个公共方法，方法名和主类一样，这个方法称为构造函数，当一个类实例被创建时，构造函数会被自动执行，在这里，当 SWF 文件被 Flash 播放器载入时，构造器就会被执行。

创建好类文件之后，按 Ctrl+S 键保存类文件到与 Flash 文档相同的目录中，类文件在编辑的时候就开始工作了。这里需要注意的是，类文件的名称必须与类名一致，比如我们的类名是"Main"，那类文件名就必须是"Main.as"。

15.4　语法

编程语言的语法是指在编写代码时你必须遵循的一组规则。这些规则决定了可以使用的符号和语言以及如何构造你的代码。接下来我们来学习一下 ActionScript3.0 的语法。

1. 区分大小写

ActionScript 3.0 是一种区分大小写的语言。标识符只要大小写不同就认为是不同的标识符。例如，如下代码创建了两个不同的变量：

var sampleVariable:int;
var SampleVariable:int;

2. 分号

分号字符（;）用于终止一条语句。如果你省略了分号，那么编译器会假设代码的每一行都代表着一个单一语句。

3. 括号

在 ActionScript 3.0 中，你可以在 3 种方式下使用括号"( )"。第一，你可以使用括号去改变一个表达式里的运算符顺序。在括号内进行分组的运算符总是优先执行。例如，括号用于改变如下代码中的运算符顺序：

trace(2 + 3 * 4); // 输出值为 14
trace((2 + 3) * 4); // 先算括号内再运算，输入 20

第二，你可以在使用逗号运算符（,）的同时使用分号，对一个表达式求值，并且返回最终表达式的结果。下面范例显示了该技巧：

```
var a:int = 2;
var b:int = 3;
trace((a++, b++, a+b)); // 7
```

第三，你可以使用括号给函数或者方法传递一个或者多个参数。在下面的范例中，一个 String 值被传递给了 trace() 函数：

```
trace("hello"); // hello
```

4. 代码块

封装于大括号"{ }"中的一行或者多行代码称为块。在 ActionScript 3.0 中，代码集中分类并组织成块。诸如类、函数和循环等大多数编程构件的主体都包含在块中。

```
function sampleFunction():void{
    var sampleVariable:String = "Hello, world.";
    trace(sampleVariable);
}

for(var i:uint=10; i>0; i--){
    trace(i);
}
```

5. 空白

代码中的任何间距如空格、制表符、换行符等，都称为空白。编译器会忽略用于使代码便于阅读的额外空白。

6. 文字

文字具有任意固定值，它能够直接在你的代码中显示出来。

7. 关键字和保留字

保留字是指你不能在代码中用作标识符的字，因为这些字是由 ActionScript 保留使用的。保留字包括词法关键字（lexical keywords），它们是由编译器从程序命名空间中移出的。如果你使用了词法关键字作为标识符，那么编译器就会报告错误。

15.5　变量与常量

ActionScript 3.0 的变量声明使用 var 关键字，例如我们声明一个 int 类型的变量并赋初值 5：

```
var length:int = 5;
```

对于类类型的变量，使用 new 关键字初始化，类类型的变量又称为对象，或者引用类型变量。例如我们声明一个 Sprite 类型的变量：

```
var box:Sprite = new Sprite();
```

ActionScript 3.0 中变量在代码中有着严格的作用范围限制，在作用范围内变量才有效，出了作用范围变量就不存在了。变量只有先声明才能使用。决定变量作用范围的因素有两个，一个是变量声明的位置，一个是修饰变量可见性的关键字。

根据变量声明的位置判别变量作用范围很简单，变量只在它被声明时所处的代码块中有效，我们举个例子：

```
for (var i:int=0; i<10; i++) {
    if (i == 8) {
                var j = i + 100;
    }
    trace(j);
}
trace(i);
```

上面这个判断方法只对局部变量（在函数或者判断、循环等语句中声明的变量）有效，对类变量就要以修饰变量的关键字来判定变量的有效范围了。

常量声明使用 const 关键字，常量和变量的不同在于，常量在声明的时候被初始化后就不能再赋值了。

15.6 函数

ActionScript 3.0 中声明函数使用 funcion 关键字，现在我们声明一个简单（只含正整数）的加法函数，它接收两个 int 类型的参数，并返回一个 int 类型的值。

```
function Add(a:int, b:int):int {
    return a + b;
}
```
我们再声明另外一个无返回值的函数。
```
function Add(a:int, b:int):void {
    trace(a + b);
}
```

函数的返回类型声明，在 ActionScript 3.0 中不是必需的，但是建议大家还是使用严谨的语法比较好。ActionScript 3.0 中函数的参数可以设置默认值，当函数的参数有默认值的时候，调用者就可以不传递有默认值的参数。比如我们对上面的函数作如下修改：

```
function Add(a:Number =2, b:Number = 3):void {
    trace(a + b);
}
```

现在我们可以直接调用 Add( )，这时候将输出 5，我们也可以调用 Add(4)，这时候 a 将被赋值为 4，输出结果将是 7。

函数和变量一样也是有作用范围的，并且作用返回的判定方式和变量一样，这里不再赘述。前面说过，ActionScript 3.0 和 ActionScript 2.0 的代码组织形式不同，代码不能随意乱放，函数到处声明。ActionScript 3.0 的函数必须在类中声明，函数作为类的一个功能或者行为被描述。

15.7　类和包

包是 ActionScript 3.0 中用来组织代码的形式，我们可以把不同用途的类组织在不同的包中，包使用 package 关键字声明，且必须与所在目录名相同，根目录下的包没有名字。在 ActionScript 3.0 中声明类使用 class 关键字，并且类名要和文件名一致。现在我们声明一个影片剪辑类。

```
package Test{
    public class Document {
    }
}
```

在使用类类型变量的时候需要使用 new 关键字进行对象初始化，在程序执行的时候，new 关键字会引发运行环境调用类的构造函数。构造函数是一种特殊的函数，它一样使用 function 关键字声明，它的名字和类名一样，构造函数不需要声明返回类型。现在我们为影片剪辑类加上构造函数：

```
package Test{
    public class Document({
            public function  Document(name:String, alpha:int = 50) {
            }
    }
}
```

实例化影片剪辑类的时候像这样：

```
var myMC1: Document= new Document(" Document 1");
var myMC2: Document= new Document(" Document 2", 50);
```

上面声明类和构造函数的时候都用到了 public 关键字，这就是可见性修饰关键字。可见性修饰关键字包括以下几种。

public：公有的，当类声明为公有的时候，它在其他所有的类中都可以使用。当变量和函数被声明为公有的时候，它们将可以被外部访问和调用，并且子类可以继承父类声明为公有的变量和函数。

private：私有的，private 只用在变量和函数上，当声明为私有的时候，它们将只能在这个类中被使用，外部的类不知道这些私有成员的存在，也不能调用和使用它们，并且子类不能继承和访问父类声明为 private 的类变量和函数。当类变量和函数没有显式的声明，为别的可见类型时，它将默认为 private 类型。

protected：受保护的，protected 也只用在变量和函数上。当声明为 protected 时，它们也将不能被外部类使用，但是和 private 不同，子类可以继承父类声明为 protected 类型的变量和函数。

internal：内部的，当类声明为 internal 时，它将只能在所在的包的范围内使用，其他的包当中的类不知道另一个包当中的 internal 类型的类的存在。当函数或者变量被声明为 internal 时，它们一样只能在所在包范围内使用。

function 关键字在类当中还有别的用途，它用来声明类属性。有时候你可能需要让外部访问你的一个类变量，但是不希望外部能够修改这个变量的值，或者当外部对你的一个类变量赋新的值的时候需要同步更新另外一个变量。又或者你的类变量的值是通过外部的值和内部的一个私有值间接计算得来的。像这些应用场景，都可以使用属性。

属性分为两种，一种是"读"属性，它使用 function 加 get 关键字；一种是"写"属性，使用 function 加 set 关键字，并需要声明放回值。现在给我们的影片剪辑类加上两个属性，并顺便试一试可见性修饰关键字：

```
package Test{
    public class Document {
        private var _name:String;
        private var _alpha:int;
        public function Document(name:String, alpha:int = 50) {
            this._name = name;
            this._alpha = alpha;
        }
        public function get Name():String {
            return this._name;
        }
        public function set Name(name:String) {
            this._name = name;
        }
        public function get Alpha():int {
            return this._alpha;
```

```
            }
        }
}
```

访问属性和访问公有的变量没有区别。

```
var myDC: Document = new Document ("Document1");
trace(myDC.Name); // 输出 Document1
myDC.Name = "YY";
trace(myDC.Name); // 输出 YY
```

上面我们还使用了一个 this 关键字，this 关键字是对类的当前实例的引用。与变量和函数作用范围相关的关键字还有 static。

static：静态的，当变量或函数被声明被 static 时，它们将只能通过类访问，而不是类的实例，并且静态的函数只能使用静态的变量。static 关键字可以与 public、private 等关键字一起使用。

只能通过类访问是什么意思呢？假设我们把 Name 属性声明为公有静态的，像这样：

```
public static function get Name():String
```

这时候我们就不能使用原有的 _name 内部变量了，我们需要把 _name 也声明为静态的，才能让 Name 属性访问得到。

```
private static var _name:String;
public static function get Name():String {
    return _name;
}
public static function set Name(name:String) {
    this._name = name;
}
```

而外部要使用 Name 属性的时候变成这样使用。

```
DC.Name = "Alpha1";
trace(DC.Name);
```

静态函数不能访问实例变量，但是实例函数却可以访问静态变量。静态变量在整个类只有一份，可以让这个类的所有实例共享，这很像全局变量。被 static 修饰的方法和属性，可以在不被实例化的情况下使用，因此这些方法和属性是不能被继承的。可以通过类名加属性名或者类名加属性的方法来调用静态的方法和属性。

15.8　语句

语句是执行或指定动作的语言元素，例如，return 语句返回一个结果，作为执行它的函数的值；if 语句对一个条件求值，以确定应采取的下一个动作；switch 语句创建 ActionScript 语句的分支结构。

15.8.1　条件语句

if 语句用来判断所给定的条件是否为真，根据判断结果来决定要执行的程序。简单 if 语句的一般形式为：

```
if ( 条件 ) {
    // 程序
}
```

其中，if 是表示条件语句的关键词，注意字母是小写。这个 if 语句的功能是：if 后面括号里面的条件只有两种结果，真或假。只有当条件为真时，才会执行大括号中的程序；如果条件为假，将跳过大括号中的程序，执行下面的语句。

if 语句中的条件简单易用，一个变量可以作为一个条件。如果变量有一个确定的值，它返回的结果是真，如：

```
var myName:String = "Mary";
if (myName) {
    trace(myName);
}
```

if 语句的条件可以是一个赋值表达式，如：

```
var myName:String = "Mary";
if (myName="Mary") {
    trace(myName);
}
```

赋值表达式返回的结果是真，因此这段程序也能输出信息。但这段程序的本意是比较变量 myName 和字符串 "Mary" 是否相等，因此应该用比较运算符 = =，这是在编程中很容易犯的错误，以上程序正确的写法是：

```
var myName:String = "Mary";
if (myName = = "Mary") {
    trace(myName);
}
```

如果 if 语句中有多个条件，要用逻辑运算符进行连接，这时 Flash 将进行判断，计算最后的结果是真还是假，如：

```
var username:String = "Mary";
var passWord :String= "123";
if (userName == "Mary" && passWord == "123") {
    trace(" 用户名和密码正确 ");
}
```

在这段代码中，if 语句中的条件有两个，用 & & 运算符连接，代表两个条件都为真时，才会执行语句中的代码。

在游戏中常用方向键来控制物体的运动，这里面也必须用到 if 语句。如当按下左方向键时，条件为真，物体向左运动。代码示例如下：

```
// 如果按下左方向键，实例 ball 向左移动 2 像素
if (Key.isDown(Key.LEFT)) {
    ball._x -= 2;
}
// 如果按下右方向键，实例 ball 向右移动 2 像素
if (Key.isDown(Key.RIGHT)) {
    ball._x += 2;
}
// 如果按下上方向键，实例 ball 向上移动 2 像素
if (Key.isDown(Key.UP)) {
    ball._y -= 2;
}
// 如果按下下方向键，实例 ball 向下移动 2 像素
if (Key.isDown(Key.DOWN)) {
    ball._y += 2;
}
```

if-else 语句的一般形式为：

```
if ( 条件 ) {
    // 程序 1
} else {
    // 程序 2
}
```

当条件成立时，执行程序 1，当条件不成立时，执行程序 2，这两个程序只选择一个执行，之后就执行下面的程序。

下面的代码使用了 if 语句：

```
var a :Number= 4;
if (a/3 == 1) {
    trace("a 能被 3 整除 ");
}
if (a/3 != 1) {
    trace("a 不能被 3 整除 ");
}
```

用 if-else 语句可以改为：

```
var a:Number = 4;

if (a/3 == 1) {
    trace("a 能被 3 整除 ");
} else {
    trace("a 不能被 3 整除 ");
}
```

这样程序变得更为简洁，效率也提高了。在前面的代码中，有两个 if 语句，Flash 要进行两次判断，而在后面的代码中，只需一次判断。

switch 语句是多分支选择语句，当程序中的分支很多时（如分数统计，可按照优秀生、良好生、中等生和差等生进行统计）如用嵌套的 if 语句处理，会使程序显得冗长，并且可读性降低，这时就可用 switch 语句进行处理。

例如下面的程序可根据成绩的等级输出相应的成绩段：

```
var 成绩等级 :String = "B";
switch ( 成绩等级 ) {
case "A" :
    trace("90-100");
    break;
case "B" :
    trace("80-90");
    break;
case "C" :
trace("70-80");
    break;
case "D" :
    trace("60-70");
    break;
case "E" :
```

```
    trace("60 以下 ");
    break;
default :
    trace(" 不存在这样的等级 ");
}
```

测试结果是输出"80-90"。

用 break 可以达到在执行一个 case 分支后，使程序的流程跳出 switch 结构，终止程序执行的目的。程序的最后一个分支 default 是在程序的最后执行，因此可以不加 break 语句。在本程序中，当程序执行到 trace("80-90") 就已经跳出 switch 语句。

15.8.2　循环语句

在 ActionScript 语言中可通过 4 种语句实现程序的循环，分别是 while、do…while、for 循环和 for in 循环语句。它们与 if 语句的最大区别在于，只要条件成立，循环里面的程序语句就会不断地执行。

执行循环里面的语句之前，while 先判断条件是否成立，如果条件成立，则先从"{"开始的程序模块执行，执行到模块的结尾"}"时，会再次检查条件是否依旧成立，如此反复执行，直到条件不成立为止。

比如求 1+2+3+4+…+100 的和，如果不使用循环结构，只能这样写代码：

```
sum += 1;
sum += 2;
…
sum += 100;
```

这样要写 100 行的代码，如果使用 while 语句，只需短短的几行就能实现相同的效果，这将会使程序的执行速度更快，同时也可以减轻代码的编辑量。

```
var i :Number= 1;// 变量 i 用来控制循环
var sum:Number = 0;//sum 表示求和的结果
// 当变量 i 的值小于等于 100 时，
while (i<=100) {
 sum += i; //sum 不断加上 i
     i++;//i 递加
}
trace(sum);// 输出结果
```

do…while 循环语句的一般形式为：

```
do{
```

```
程序 1;
程序 2;
…
}while( 条件 );
```

和 while 循环命令相反，do…while 循环语句是一种先执行后判断的循环语句。不管怎样，"do{" 和 "}" 之间的程序语句至少会执行一次，然后再判断条件是否要继续执行循环。如果 while( ) 里面的条件成立，它会继续执行 do 里面的程序语句，直到条件不成立为止。

同样的累加和问题：1+2+3+4+…+100，用 do…while 语句实现的循环程序为：

```
var i:Number = 1;
var sum:Number = 0;
do {
    sum = sum+i;
    i++;
} while (i<=100);
trace(sum);
```

程序中的 i 不一定只能加 1，可以加上任意的数值，比如求 100 以内的偶数之和，用程序这样表示：

```
var i:Number = 2;
var sum:Number = 0;
do {
    sum += i;
    i += 2;
} while (i<100);
trace(sum);
```

for 循环语句是功能最强大、使用最灵活的一种循环语句，它不仅可以用于循环次数已经确定的情况，还可以用于循环次数不确定而只给出循环结束条件的情况。

for 语句中有 3 个表达式，中间用分号隔开。第一个初始表达式通常用来设定循环语句变量初始值，这个表达式只会执行一次；第二个条件表达式通常是一个关系表达式或者逻辑表达式，用来判定循环是否继续；第三个递增表达式是每次执行完"循环体语句"以后就会执行的语句，通常都用来增加或者减少变量初值。

使用 for 语句计算 1+2+3+4+…+100 的循环程序如下：

```
var sum:Number = 0;
for (i=1; i<=100; i++) {
    sum = sum+i;
}
```

```
trace(sum);
```

这段程序首先进行第一次循环，执行 i=1，然后进行条件判断 1<=100，如果为真，执行 sum = sum+1，然后 i 加上 1 等于 2，进行第二次循环，一直到 i 等于 101；条件为假，跳出循环。

使用 for 语句计算 100 以内的偶数之和的循环程序如下：

```
var sum:Number = 0;
for (var i = 2; i<100; i += 2) {
    sum = sum+i;
}
trace(sum);
```

在初始表达式中可同时定义多个初始变量，两个表达式之间用“,”隔开，如：

```
for (var i = 2, sum = 0; i<100; i += 2) {
    sum = sum+i;
}
trace(sum);
```

初始表达式也可以省略，但必须在 for 语句循环之前初始化变量，如：

```
var i:Number = 2, sum:Number = 0;
for (; i<100; i += 2) {
    sum = sum+i;
}trace(sum);
```

递增表达式也可以省略，但必须保证循环能正常结束，如：

```
for (var i = 2, sum = 0; i<100; ) {
    sum = sum+i;
    i += 2;
}
trace(sum);
```

程序中的 i += 2 用来结束循环。

在 for 语句中，可以同时省略初始表达式和递增表达式，如：

```
var i:Number = 2, sum:Number = 0;
for (; i<100; ) {
    sum = sum+i;
    i += 2;
}
trace(sum);
```

这时的程序和 while 完全一样，因此可以用 for 语句代替 while 语句，也就是说，for 语句的功能比 while 强大得多。

15.8.3　break 和 continue 语句

break 出现在一个循环（for、for…in、do while 或 while 循环）中，或者出现在与 switch 动作内特定 case 语句相关联的语句块中。break 动作可命令代码执行时，跳过循环体的其余部分，停止循环动作，并执行循环之后的语句。当使用 break 动作时，Flash 解释程序会跳过该 case 块中的其余语句，转到包含它的 switch 动作后的第一个语句。使用 break 动作可跳出一系列嵌套的循环。

简单地讲，break 语句的作用是提前结束循环，接着执行循环下面的语句。求 1 到 100 的和的代码可以这样写：

```
var i:Number= 1;
var sum:Number = 0;
while (true) {
    sum += i;
    if (i>=100) {
            break;
    }
    i++;
}
trace(sum);
```

在这段程序中，while 语句的条件永远为真，循环将无限次进行，用 break 可以结束循环。当 i 递加到 100 时，先进行求和 sum += i，这时 if 语句的条件为真，结束 while 循环，不再进行 i 的递加，接下去执行输出 sum 的值。

break 语句的作用是结束循环，因此它用于循环语句。另外它还可用于 switch 语句，下面的代码输出 101~200 的所有素数：

```
s = "0";
for (i=101; i<300; i++) {
    for (j=2; j<=Math.sqrt(i); j++) {
            if (i%j == 0) {
                    s = "1";
                    break;
            }
    }
    if (s == "0") {
            trace(i);
```

```
    }
    s = "0";
}
```

判断素数的方法：用一个数分别去除 2 到 sqrt (这个数)，如果能被整除，则表明此数不是素数，反之是素数。

代码中的 Math.sqrt () 表示开根号，当 i 能被 j 整除时，就可以判定 i 不是素数，所以没必要进行其余的循环，用 break 语句跳出内循环。

continue 语句的作用是结束本次循环，接下去执行是否进行循环的条件判断。

continue 语句和 break 语句的区别是，continue 语句只结束本次循环，而不是终止整个循环的执行。而 break 语句则是结束整个循环，不再进行条件判断。

求 100 以内的所有偶数之和的程序可以这样写：

```
var sum:Number = 0;
for (var i = 2; i<100; i++) {
        if (i%2 != 0) {
                continue;
        }
        sum += i;
}
trace(sum);
```

在这段程序中，如果 i 不能被 2 整除，即 2 为非偶数时，用 continue 语句结束本次循环，不执行 sum += i 的运算。如果 i 能被 2 整除，即 2 为偶数时，执行 sum += i 的运算，这样可以求出 100 以内的所有偶数之和。

因此在 for 循环中，continue 可使程序跳过循环体的其余部分，并转而计算 for 循环中的条件表达式。

如果这段程序用 while 语句来写，则如下：

```
var sum :Number= 0;
var i :Number= 1;
while (i<99) {
    i++;
    if (i%2 != 0) {
            continue;
    }
    sum += i;
```

```
    }
    trace(sum);
```

在使用 while 语句时，结束循环的表达式 i++ 不能放在 continue 语句的后面，否则会出现意外的错误。比如写成这样：

```
var sum:Number = 0;
var I:Number = 1;
while (i<100) {
    if (i%2 != 0) {
            continue;
    }
    sum += i;
    i++;
}
trace(sum);
```

程序将出现错误，因为 i = 1 时，if 语句中的条件为真，执行 continue 语句，跳过后面的表达式，不会执行表达式 i++，所以 i 永远为 1，进入无限次循环。

因此，在 while 循环中，continue 语句的作用是跳过本次循环体的其余部分，并转到循环的顶端，在该处进行条件判断。

同样，在 do while 循环中，continue 语句的作用是跳过本次循环体的其余部分，并转到循环的底端，在该处进行条件判断。

在 for..in 循环中，continue 可使 Flash 解释程序跳过循环体的其余部分，并跳回循环的顶端。